壽司幹嘛轉來轉去？

微利時代如何突破困境？
搞懂數字，最快！最有效！

2

林總——著
武井宏文——繪
江裕真——譯

マンガ 美容院と1000円カットでは、どちらが儲かるか？

壽司幹嘛轉來轉去？②

管理會計入門——
微利時代如何突破困境？搞懂數字，最快！最有效！
マンガ　美容院と 1000 円カットでは 、どちらが儲かるか？

作　　者：林總
繪　　者：武井宏文
譯　　者：江裕真
主　　編：郭峰吾

總 編 輯：李映慧
執 行 長：陳旭華（steve@bookrep.com.tw）

出　　版：大牌出版／遠足文化事業股份有限公司
發　　行：遠足文化事業股份有限公司（讀書共和國出版集團）
地　　址：23141 新北市新店區民權路 108-2 號 9 樓
電　　話：+886- 2- 2218 1417
郵撥帳號：19504465 遠足文化事業股份有限公司
封面設計：許紘維
排　　版：藍天圖物宣字社
印　　製：成陽印刷股份有限公司
法律顧問：華洋法律事務所 蘇文生律師

定　　價：400 元
初　　版：2010 年 1 月
四　　版：2020 年 8 月

國家圖書館出版品預行編目（CIP）資料

壽司幹嘛轉來轉去？②：管理會計入門 - 微利時代如何突破困境？搞懂數字，最快！最有效！/ 林總著；武井宏文繪；江裕真 譯．– 四版．-- 新北市：大牌出版，遠足文化發行，2020.08
400 面；14.8×21 公分
譯自：マンガ　美容院と 1000 円カットでは 、どちらが儲かるか？
ISBN 978-986-5511-33-3（平裝）
1. 管理會計　2. 漫畫

494.74　　109010154

前言

光閱讀市面上販售的教科書，是無法了解管理會計的。因為，寫在教科書上的東西，是管理會計的學問而已。而且，許多教科書上講的都是理論，而理論與商業實務有相當的落差，這讓讀者很難感受到這學問的精妙，導致管理會計在大家心目中變成一門困難的學問，但它實際上並沒有那麼困難。

所謂的管理會計，就是用於支援企業經營的會計，因此我認為只要站在經營者立場，再透過企業故事學習的話，就能自然而然學會。這也是我之所以寫出前一本書《壽司幹嘛轉來轉去？》的原因。續集中，介紹了現代企業避無可避的ERP（企業資源規劃）與作業基礎成本會計等極其艱難的主題。

該作品發售後不久，我就收到許多「這和我們公司的情形一模一樣」、「應該先讀過這本書再導入ERP才對」之類的感想。即便如此，對於實際從事企業經營的人士，以及今後正打算導入ERP或作業基礎成本制的人士而言，要想像書中所描述的狀況，仍然不是件容易的事。這一點，讓身為筆者的我略感在意。

這次，再一次透過武井宏文先生之手，系列第二冊也有了漫畫版，把我的那股擔憂吹到了九霄雲外。

有了漫畫版，所有讀者應該能夠從由紀面對的課題想像自己面對的課題。讀者應該也能融入安曇教授與由紀的世界裡。我相信，本書一定能夠為各位讀者提供線索。

林 總

目錄

序幕——

電腦當機是誰的責任？

你想把公司搞垮嗎？
HANNA
Hanna
代表董事社長
矢吹由紀

Hanna 資訊系統部主任
唐澤惠一
——從父親手中接下 Hanna 以來……
是因為員工們在工作上的勤奮奉獻，才能夠辛苦地撐到現在。
員工們是我的命運共同體，為使他們充分發揮力量，一直以來我都盡可能不在細節上太囉嗦……
HANNA
但今天這件事我已經無法忍受了！
一點也不誇張，賭上全公司命運而推動的【資訊系統】導入專案，進行得並不順利。

用語解說
【資訊系統】業務上藉由電腦處理大量資料的系統。
——不只是這樣而已，由於系統化的延遲，業績突然踩了煞車。
公司業務好不容易才上軌道的，卻出現意料之外的程咬金在扯公司的後腿。
……………
他是風風光光進公司，經驗豐富的【系統工程師（SE）】。
用語解說
【系統工程師（SE）】（System Engineer）其工作內容是聽取客戶對系統的需求要件，據以明確規劃出要建構的電腦系統、設計程式。
順便一提，在進入Hanna之前，他曾在某家大型【SI公司】參與過多個資訊系統的建構。

矢吹社長，我話先講在前頭，像他這樣的人才，打著燈籠都很難找到呀！
……人才仲介公司的負責人也多次稱讚唐澤。
用語解說
【SI公司】
SI是系統整合（System Integration）的縮寫。
提供綜合服務，從資訊系統的規劃到導入、維護為止一手包辦的公司。
社長！
過去我在工作上有多次成功經驗，徹底熟知有關電腦的事!!
請妳相信我!!!
那時和他面談，唐澤先生充滿了自信……我因而決定採用唐澤先生提出來的條件。
身為專案負責人，我一定讓專案成功給妳看!!

唐澤先生擔任資訊系統部主任至今三年……
同樣是當時那個男子，現在卻頹然站在我眼前。
多次與唐澤先生討論過的事情……
難道只是他誇大其詞嗎？……

——社長!!
只要導入【ERP系統】，從接單、出貨，一直到貨款的回收為止，會變成能夠一體管理所有的資料。
因此，能夠大幅節省人力、庫存以及營運資金。
而且，投資於電腦上的資金等等，只要兩年就能回收唷！
哇～好棒呀！

用語解說

【ERP系統】

ERP是「企業資源規劃」（Enterprise Resource Planning）的縮寫。

其概念是要從公司整體最適的角度，分配人力、物資、金錢等經營資源，藉以有效率地經營公司。

實現這種概念的資訊基礎架構，就是ERP系統。

ERP
這三個英文字母，蘊藏著不可思議的魔力……
那時候，光是導入ERP系統，就讓我產生莫名的優越感……

——我實在
太無知了……
如果我再多了解一下
什麼是ERP，事情
就不會變成這樣。
但就是因為我不懂，
才會找來唐澤先生。
只要交給身為專業人員
的唐澤先生去做，Hanna
就能蛻變為讓人另眼相
看的優良企業。
我天真地以為，
為此所做的投資
相當值得。
現在想想，
實在是太錯
特錯……
緊握
這個ERP系統，
使得Hanna陷入
大混亂之中。
HANNA

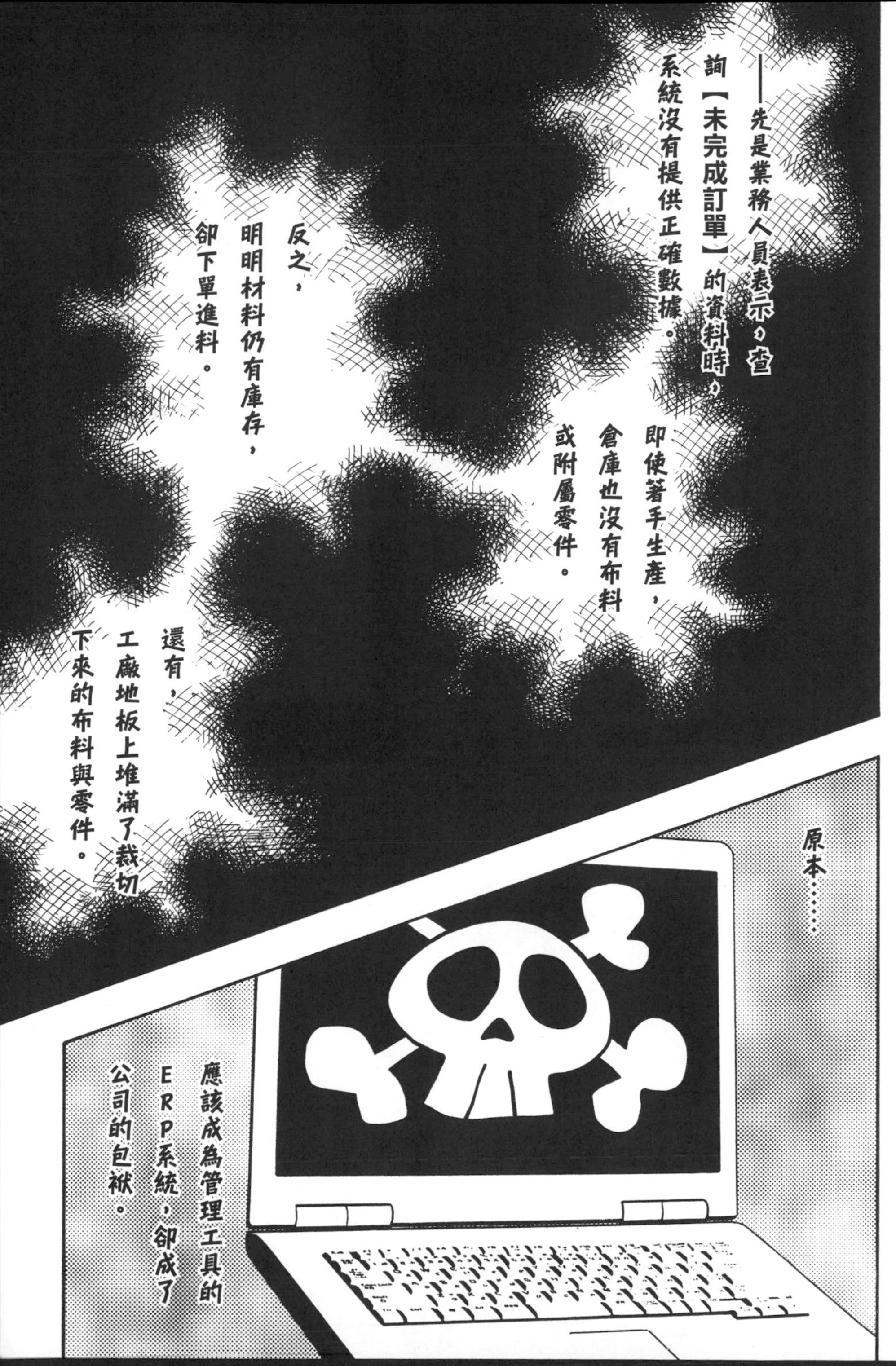
——先是業務人員表示，查詢【未完成訂單】的資料時，系統沒有提供正確數據。
即使著手生產，倉庫也沒有布料或附屬零件。
反之，明明材料仍有庫存，卻下單進料。
還有，工廠地板上堆滿了裁切下來的布料與零件。
原本……
應該成為管理工具的ERP系統，卻成了公司的包袱。

用語解說

【未完成訂單】

從客戶那裡接到的訂單中，尚未出貨的訂單總額。在會計上，就是已經接單但尚未成為銷貨收入的金額；這是公司業績的重要先行指標。

目前在製造部門已經沒人相信電腦的資料了。
第一線的作業人員都把資料存在自己的筆記型電腦裡工作。

在相較之下電腦化程度較高的業務部門，對它的評價也不好……總之就是系統的回應很慢……
——查詢產品庫存時，要耗費將近二十秒時間，畫面上才會顯示結果。
這樣的話，步調都亂了，根本無法工作。
業務部的同仁們都異口同聲抱怨此事。

編註：日本秋天祭祖時所吃的和菓子，外裹紅豆泥，裡面則包著糯米糰。

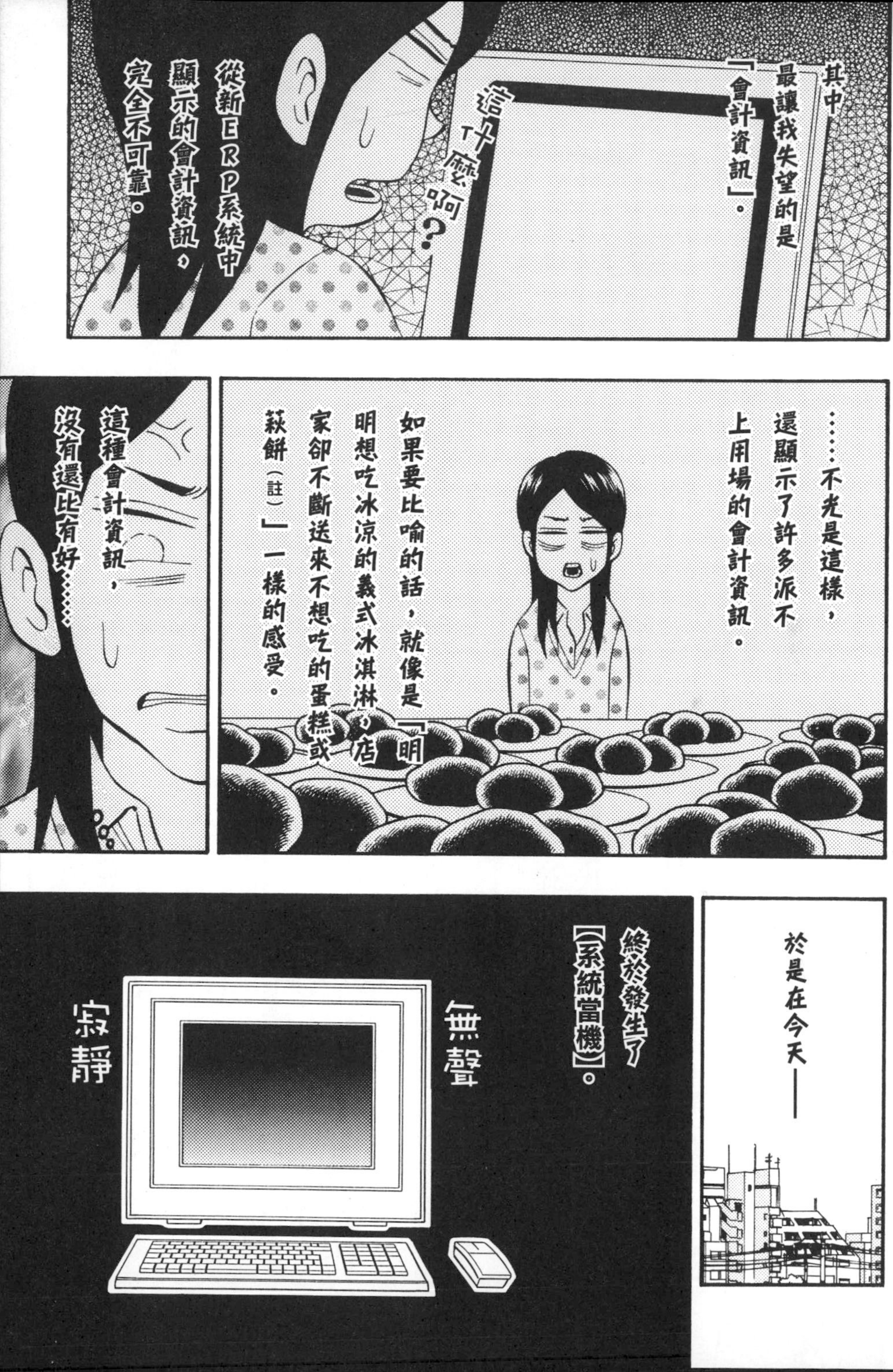
其中最讓我失望的是「會計資訊」。
這什麼啊？
從新ERP系統中顯示的會計資訊，完全不可靠。
……不光是這樣，還顯示了許多派不上用場的會計資訊。
如果要比喻的話，就像是『明明想吃冰涼的義式冰淇淋店家卻不斷送來不想吃的蛋糕或萩餅(註)』一樣的感受。
這種會計資訊，沒有還比有好……
於是在今天——
終於發生了【系統當機】。
無聲
寂靜

用語解說

【系統當機】
電腦系統無預警陷入停止動作的狀態。

雖然為改善系統回應，後來又更換了硬體、修改了部分程式，但這次程式中卻有Bug（註）……
系統什麼時候可以回復？
就算不眠不休，應該也要幾天的時間……

編註：亦稱臭蟲，電腦系統或程式中存在的任何一種破壞正常運轉能力的問題或缺陷。

那個……社長……
我想，切換為書面作業會比較好。
!?
你說什麼？
我說，切換為書面作業會比較好……
ERP系統的導入作業一延再延……
龐大的開發成本不斷擴增，直接衝擊到Hanna的經營……
最後，自己深深信任的唐澤，竟然全然失去了自信。
該不會……
要公司全部都改回書面作業吧……

如果這麼做，會給所有員工帶來比現在更為沈重的負擔……
我不可能隨隨便便接受這樣的提案。
唐澤先生
無論如何，請你要在一星期內修復電腦系統!!!
!!
只……
只能夠捨棄它了。
欸？

請容我明白地說了。
再怎麼修改程式，也到達不了能夠滿足社長與部門負責人的水準……
!!
因此，我認為從零開始重做會比較好。
從零開始重做是什麼意思？
……
這次失敗的原因在於，ERP套裝軟體的功能無法符合Hanna的業務現況……
因此，才以【外掛】的方式加裝了幾項程式。
……結果投資金額超出預算，
卻變成難用的電腦系統。

所以才要從零開始重做？
用語解說
【外掛】
Add-On，追加於軟體上的擴充功能。
……Hanna公司的工作方式，原本應該要配合ERP套裝軟體的才對。
這樣的話，應該就能順利了。
這是什麼話，什麼叫「應該就能」!!
我可是把電腦系統的建構交給你處理耶!!!
……
HANNA

緊急幹部會議

當天下午……我召開了緊急幹部會議。
與會的有製造部主任林田達也。
在林田先生的介紹下，四年前由服飾製造大廠跳槽過來的業務部主任真鍋治。
以及在同一時期從文京銀行退休、進入本公司服務的會計部主任
田丸文二
社長室
——我把唐澤向我報告的事告訴了大家。

唐澤是嗎……真是沒責任感的傢伙！
你們知道開發這個系統花了多少錢嗎？
是兩億圓呀，兩億圓!!
確實……
我們委託開發的NFI公司（日本財務系統公司，Nippon Financial System Inc.）的工作團隊，長期都是熬夜工作。
雖然不知道他們在做什麼，但一想到付了他們兩億圓，就覺得很火大!!
……該不會，唐澤主任與NFI之間有什麼不可告人的關係吧？
！
你那是什麼意思呢？

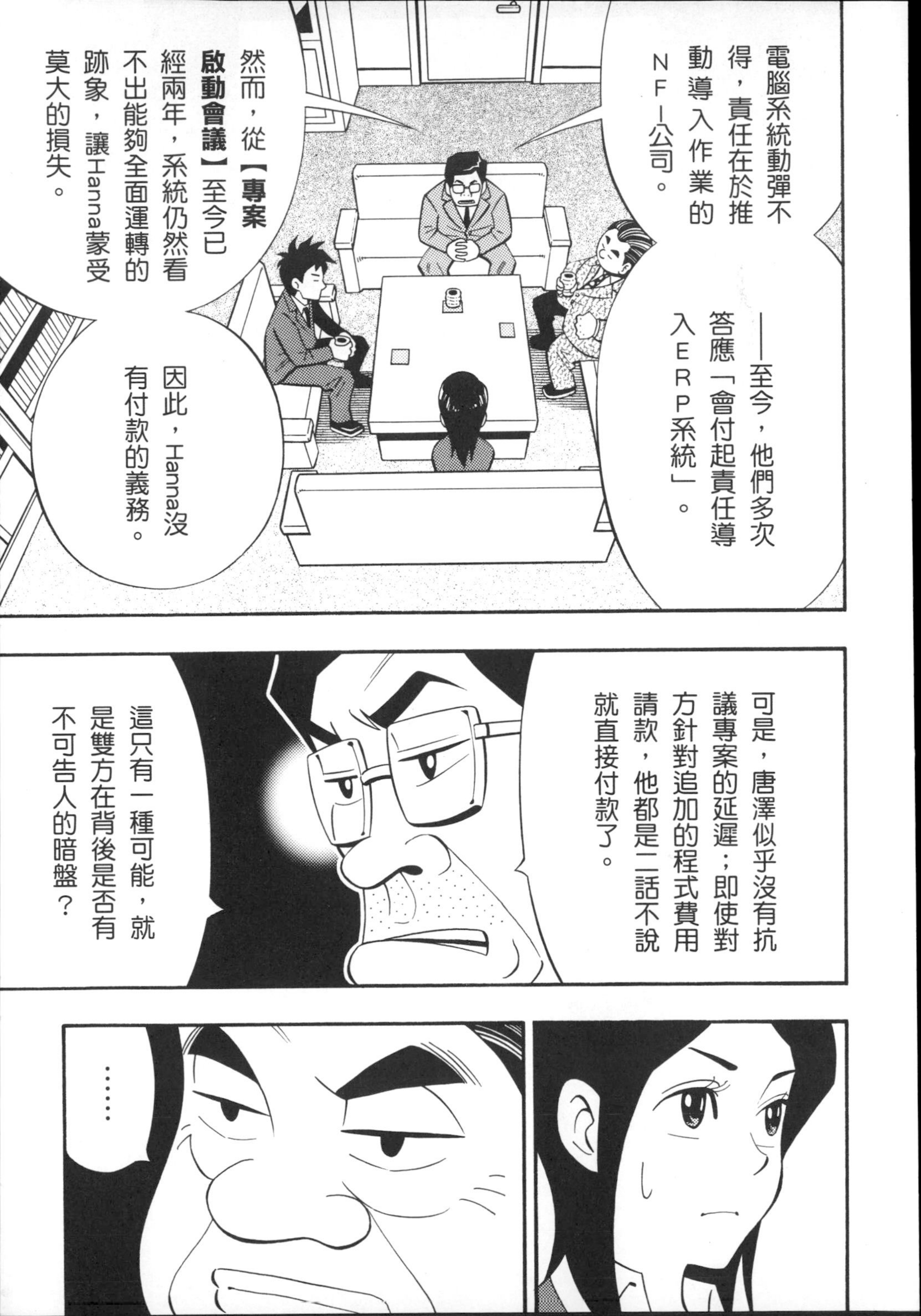
電腦系統動彈不得，責任在於推動導入作業的NFI公司。
──至今，他們多次答應「會付起責任導入ERP系統」。
然而，從【專案啟動會議】至今已經兩年，系統仍然看不出能夠全面運轉的跡象，讓Hanna蒙受莫大的損失。
因此，Hanna沒有付款的義務。
可是，唐澤似乎沒有抗議專案的延遲；即使對方針對追加的程式費用請款，他都是二話不說就直接付款了。
這只有一種可能，就是雙方在背後是否有不可告人的暗盤？
……

用語解說

【專案啟動會議】
宣告展開專案的集會。

你所謂的「不可告人的暗盤」，是指可能有金錢的收受存在嗎？
不能否認有那種可能性吧！
……
……對了，會計部是不是詳細看過請款的內容？
!!

林田覺得，以結果來看，會計部也有責任。
如果會計部看過NFI的請款內容覺得有疑問，是不是應該要停止付款才對。
林田君……
老實說對於電腦的事我是一竅不通。
就算看了請款單，我也是丈二金剛，無法做出任何判斷。
再者，最重要的是，請款單上也有社長的簽名。
！
身為會計部主任，不可能做出什麼中止付款之類的事……
你應該能夠了解吧？
……

我確實在【稟議書】上簽了名……
但是在簽呈上，在座的所有人都簽了名，
……
是在大家都了解的狀況之下，專案才啟動的。

用語解說

【稟議書】

在採購設備或服務時，製作簽呈給相關人員閱覽，等到所有人都蓋了印章，就完成裁決；這是日本特有的一種裁決系統。

由於責任歸屬會變得不明確，以及簽呈的製作與傳閱需要時間，它因而受到不少評判。

HANNA
針對唐澤先生所提案的，重新製作電腦系統一事，
可以請各位告訴我你們的意見嗎？
!!
臭著臉

我們已經開始和部分客戶或供應商透過電腦往來了!!
事到如今不可能中斷!!!
咚!!
嚇到
我的意見也一樣。
目前的問題在於資料的可靠性，不足之處以書面作業跟催。
但製造部會收到大量的資料，如果不使用電腦，業務無法運轉。
沒有辦法今後一年以上都持續書面作業。
——再拼也只能半年……
半年內如果無法讓【電腦系統】運作，製造部無法再撐下去。

用語解說
【電腦系統】以電腦為中心組成、用於處理資訊（輸入、處理、輸出等）的系統。ERP系統是電腦系統的一部分。
咳！
太蠢了
現在的系統花了兩年時間建構，都還無法順利運作。
半年內要讓新系統運轉，根本不可能。
這是癡人說夢！
……
如果就這樣中止專案的話，或許不會再有機會重新再做了。

我們現在在這裡提各種意見也不是辦法。
總之也只能要唐澤先生多努力了。
林田君……你真是天真啊！
精神再怎麼抖擻，辦不到的事就是辦不到。
那麼，田丸先生你覺得應該怎麼辦？
哼！
這是資訊系統部的唐澤應該想的事，
和身為電腦使用者的我沒有關係!!
HANNA

求救電話

三人不斷重複同樣的討論內容。
那樣也不對
這樣也不對
這樣也不對
那樣也不對
……
今後我應該做的選擇……
要照唐澤先生所說的，中斷作業、捨棄掉耗資達兩億圓的電腦系統嗎……？
假使重新建構系統，新打造的系統是不是能夠合乎期待呢？
或者……
有沒有方法不要全部捨棄，而是活用開發中系統的一部分呢？

一定要趕緊想出對策，再這麼拖下去，Hanna本身會被系統開發這個無底沼所吞噬。
非得馬上做出結論、付諸行動才行。
會議結束，三人離開社長室後，由紀仍獨自持續思考。
——但再怎麼絞盡腦汁也想不出好方法……

她思考得愈久，一股
「只能仰賴那個人了！」
的想法就愈強烈。
安曇　捷

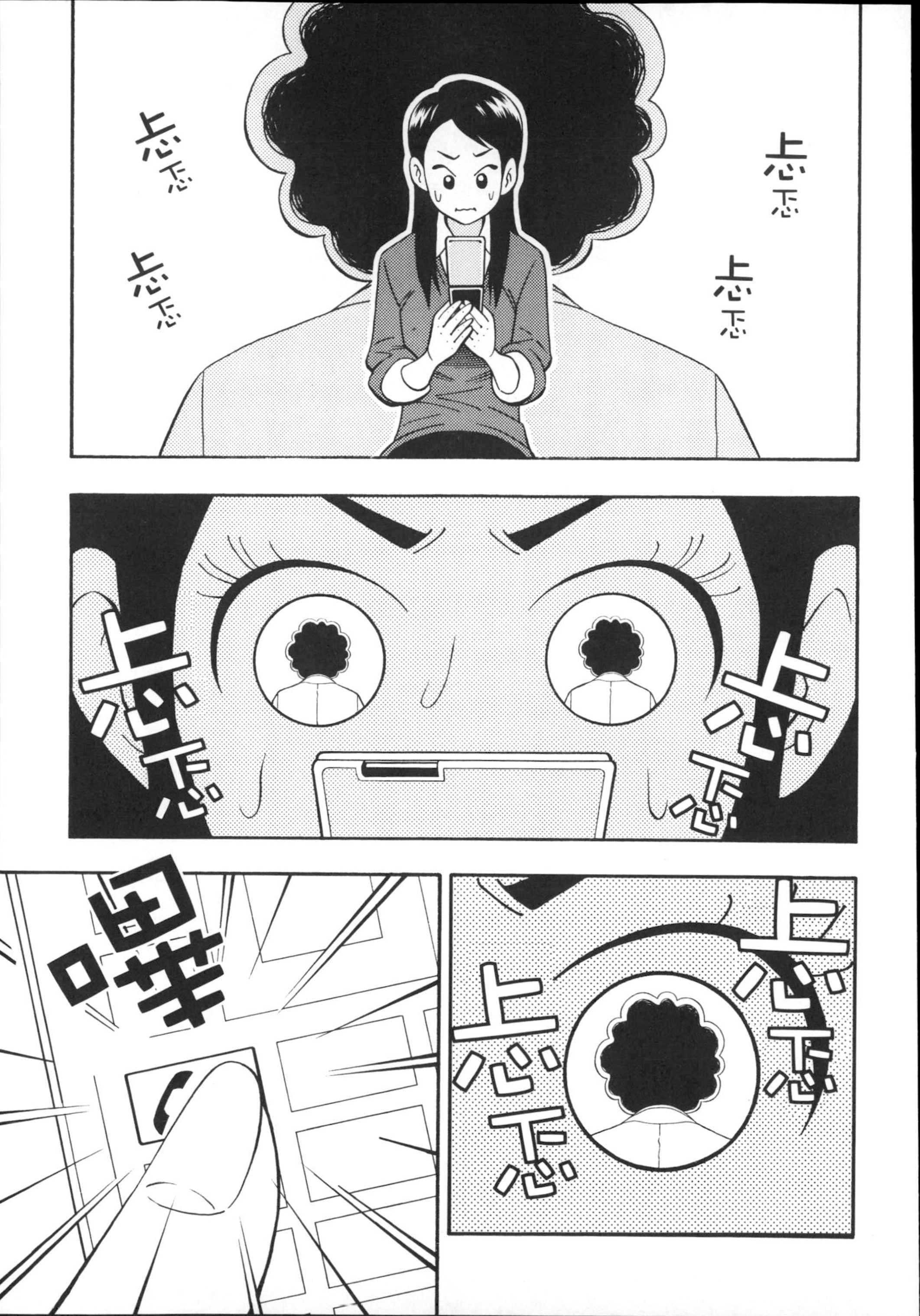
忐忑
忐忑
忐忑
忐忑
忐忑
忐忑
忐忑
忐忑
嗶

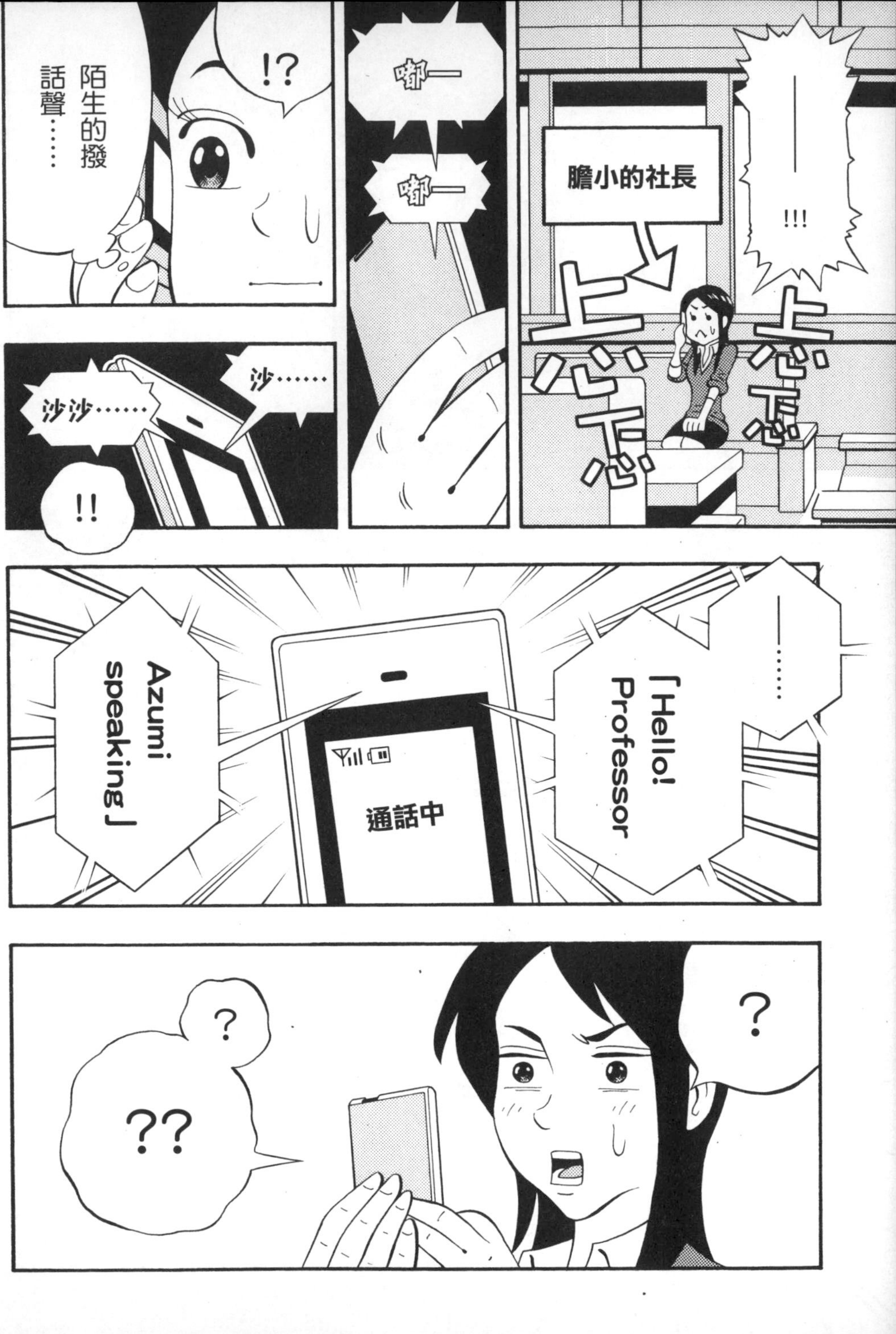

————!!!
膽小的社長
上忐下忑
上忐下忑
嘟—
嘟—
!?
陌生的撥話聲……
沙……
沙沙……
!!
————……
「Hello! Professor
Azumi speaking」
通話中
?
??
?

第1章 電腦怎麼會變成垃圾製造機？

～經營者負有資訊責任～

飛往泰國的航班

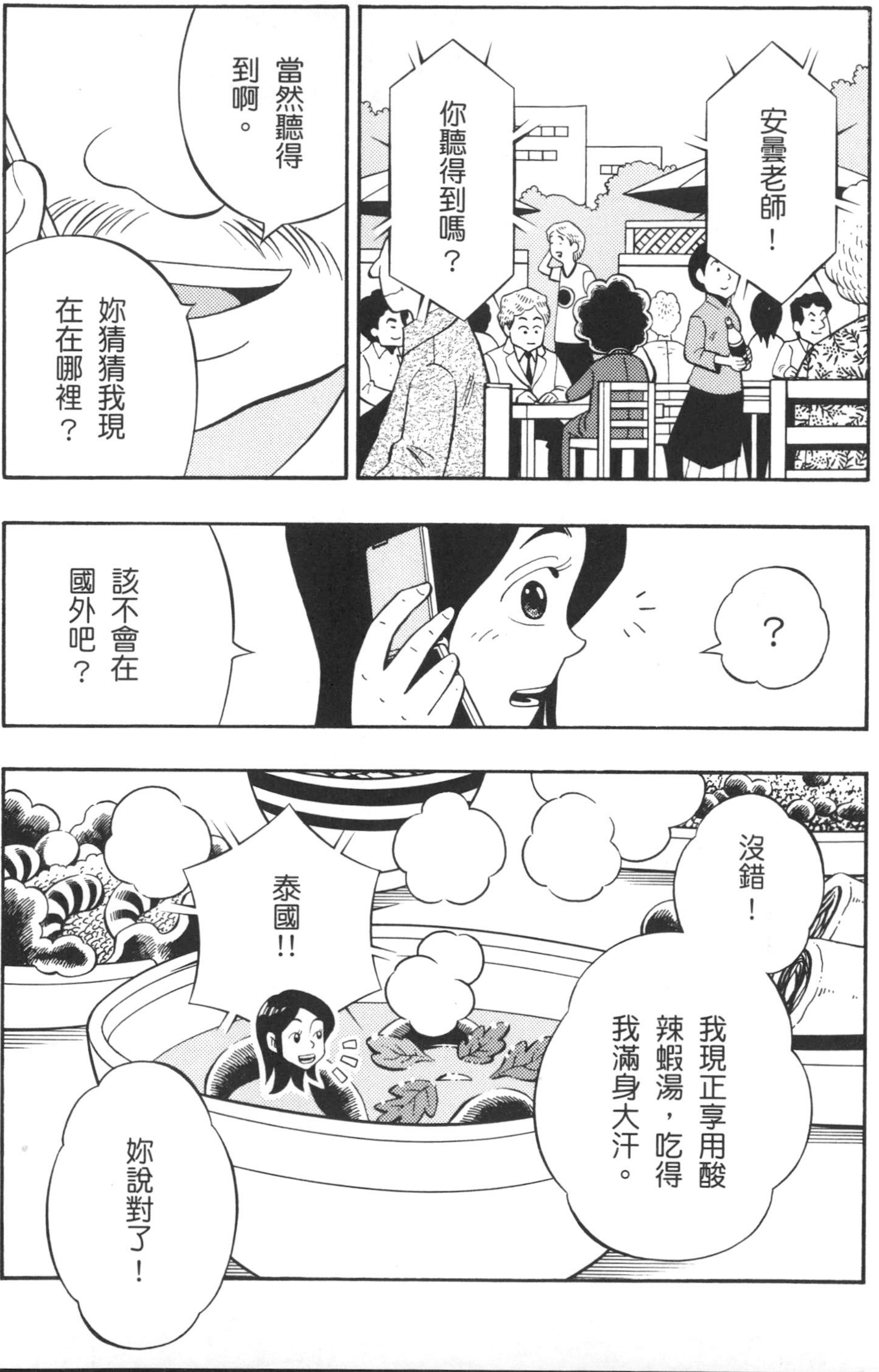
安曇老師！
你聽得到嗎？
當然聽得到啊。
妳猜猜我現在在哪裡？
？
該不會在國外吧？
沒錯！
我現正享用酸辣蝦湯，吃得我滿身大汗。
泰國!!
妳說對了！

我現在正因為工作來到曼谷，
剛好和客戶一起在海鮮餐廳用餐。
哇！打擾您真不好意思，
現在方便講話嗎？
沒關係，要事已經談完了。
妳似乎又碰到什麼麻煩了是吧!?

是的！
我的自信心又喪失了!!
由紀詳細說明了至今的事情經過。
Hanna公司……
還能夠再站起來嗎？
人生本來就是失意與希望的不斷循環，
只要意志堅定、冷靜以對，什麼問題都能解決。
嗯！我又開始有精神起來了！
可是……
感覺不可能再像以前那樣，
請老師一個月幫我上一堂課了……

似乎很難直接和老師碰面呢……
明天上午和晚上的話，我有空檔唷！
咦?!!
啊……明天是嗎？
事不宜遲……妳現在趕快去訂機票吧！
明天我們一邊吃早餐一邊談。
喀啦
嘟—
嘟—
……
……
……

——也只能這樣了，搭今晚的晚班機到曼谷，找安曇老師商量，再搭明天晚上的晚班機回日本……
在飛機裡恐怕幾乎沒辦法睡……在這種狀態下能夠和安曇老師開會討論嗎？……
不！我不能有這樣的想法!!
這攸關 Hanna 公司的命運!!
要和他拼了!!!!!
由於平日的疲勞，大睡特睡。

曼谷的早餐

ACROSS
CLUB JAM
FEEL ME
和安曇老師相約的餐廳是開放式的，
裡頭有來自全球的觀光客優雅地吃著早餐。
……
東張西望
老師在哪裡呢……

?
早安！
安曇教授已恭候多時了。
!!
安曇老師!!
♪

看到妳這麼有活力，我就放心了。
讓您掛心了，不好意思。
鞠躬
老師！您是不是稍微變瘦了呀？
哈哈哈！因為我才剛完成果汁斷食而已嘛！
昨晚妳幾點到的？
到達蘇旺納蓬國際機場大概是晚上十一點左右。
到飯店完成報到時，已經超過半夜一點了。
能夠順利碰面比什麼都好！不好意思讓妳這麼趕。
不會！我也是在您工作時突然找您商量。

……說到這個，
Hanna的業績如何呢？
……
由紀把這五年內發生的事一口氣都講了……公司年營收雖然一度跌到六十億日圓，
後來營收回升到一百億日圓……
公司換了新的會計部主任……
公司在越南的胡志明市蓋了休閒服工廠，以及因為導入電腦系統而遭逢挫折等等……
HANNA
——然後，她也老實告訴安曇，這次自己也是完全不知所措，才會來找安曇……
本來我希望自己帶著笑容和您碰面的。

最初開始，
是在什麼樣的機緣下，讓妳想到要導入電腦系統？
……
當時我太魯莽了……
完全的生手讓瀕臨破產危機的中堅製造商起死回生!!
當時的報章雜誌報導了由紀所獲得的好評，她一躍成為「名人」。
女性自慢
時人☆
在這樣的機緣下，有人推薦她成為只有中堅優良企業的社長才有資格加入的「全國社長交流會」的特別會員。
精明幹練
女社長

對於只懂服飾業的由紀而言，聽那些在那裡碰到的社長們說話是一件開心的事，而且獲益良多。
社長
——於是，某一天在交流會裡……
我在想差不多該下定決心投資電腦了。
？
那樣很好！愈早一天愈好！
現在這時代，如果太慢導入電腦系統，將會無法存活下去。
唔……說到這個，你們公司是自行開發嗎？
哪可能啊，我們公司可沒有那麼優秀的人才呀！

我問過我那個在資訊公司服務的兒子之後，目前公司使用全球最值得信賴的ERP套裝軟體。
導入的作業就請大型系統整合公司幫忙。……因為，中小型的系統整合公司總讓人覺得信不過。
原來如此果然是這樣啊……
我們公司的員工和我說想要自己開發，不聽我的話……
最後我說了一句「你們這樣不可能做成的」，做出了使用ERP套裝軟體的決定。
唉！我們都因為缺乏優秀的員工而吃了苦頭呀！
真的是這樣！
兩個社長彼此在向對方炫耀，公司在自己的意志下決定採用ERP套裝軟體。
……？

ERP？
而且不推動系統化就無法存活？
由紀聽到屬於自己未知世界的話題，一股不安突然來襲……
在這裡的聚會中，已經有人多次討論到透過電腦將基幹業務系統化……尤其是導入ERP系統的優點。
我也在不知不覺間產生一種『有一天一定要導入ERP系統』的想法……
曾幾何時，那兩個社長的對話，就像創傷般停留在我腦海，揮之不去……
妳之所以決定要投注龐大資金打造電腦系統，理由應該不只這樣而已吧！
嚼～嚼～
……
……

妳應該不是那種會傻到只聽別人講這樣的話，就在以億為單位的合約上簽名的經營者才對呀！
……
落淚～落淚～
再怎麼努力、再怎麼努力……
公司的業績都成長不了……
每天，忙得不可開交……
業績一點一滴改善，營收總算回復到一百億日圓……
然而，以一百億日圓為界線，營收就一直滯留不前，製造第一線的品質不良與延遲出貨的狀況也愈來愈顯著。
產品庫存增加了，間接作業增加了，利潤則持續減少。
為突破這樣的狀況，我嘗試過各種做法，但是都沒有奏效。

我聽說，一旦導入ERP系統，就不會再有浪費的情形，可以大幅減少成本……
而且由於庫存也會減少，現金流量也會改善……
我每星期都聽他們提及這樣的談話內容。
於是妳就急著導入ERP系統對吧！
是的……
我以為那是最好的選擇……
但妳們公司的業績依然沒有回復，
成本也沒有減少，產品庫存仍一直增加。
不但如此，為投資電腦，公司的借款增加，資金的周轉變得很辛苦。
於是妳很後悔，覺得原本根本不應該投資才對。

導入 ERP 系統的優點

❶ 業務方面的浪費會消失

❷ 可大幅降低成本

❸ 庫存會減少

⬇

現金流量可獲改善

一百億日圓的瓶頸

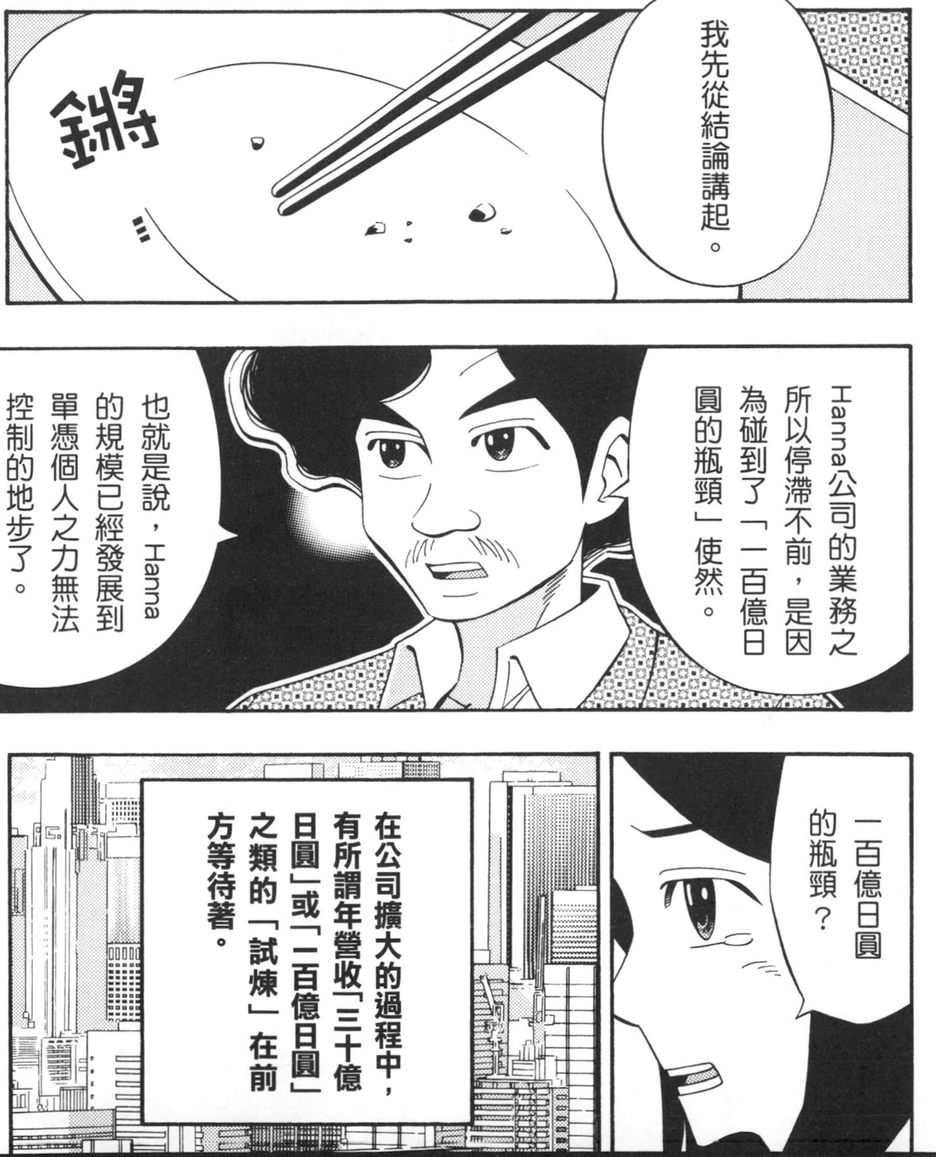

我先從結論講起。
鏘
Hanna公司的業務之所以停滯不前，是因為碰到了「一百億日圓的瓶頸」使然。
也就是說，Hanna的規模已經發展到單憑個人之力無法控制的地步了。
一百億日圓的瓶頸？
在公司擴大的過程中，有所謂年營收「三十億日圓」或「一百億日圓」之類的「試煉」在前方等待著。

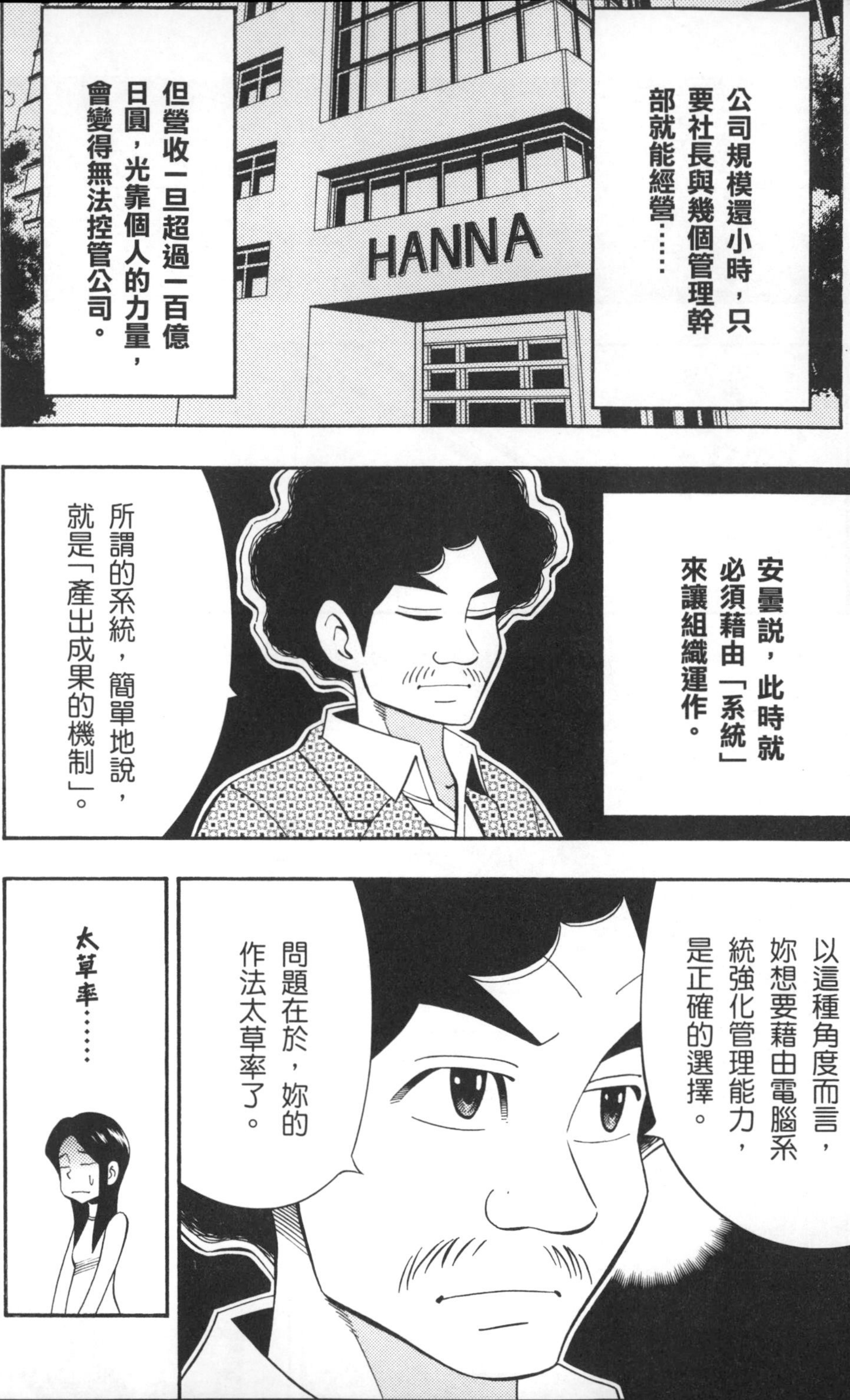
公司規模還小時，只要社長與幾個管理幹部就能經營……
但營收一旦超過一百億日圓，光靠個人的力量，會變得無法控管公司。
HANNA
安曇說，此時就必須藉由「系統」來讓組織運作。
所謂的系統，簡單地說，就是「產出成果的機制」。
以這種角度而言，妳想要藉由電腦系統強化管理能力，是正確的選擇。
問題在於，妳的作法太草率了。
太草率……

那不是我的本意，當時我是自己慎重思考後才下的結論。
當然，我也試著模擬過這次系統化投資的效果……
模擬的結果是，只要導入ERP系統，以會計部為首的間接作業者，即使以最嚴苛的標準來看，也能夠節省十個人的工作……
——假設每人每年的人事成本是六百萬圓，十個人就是六千萬圓。
如果投資金額是一億圓左右的話，最遲在兩年內就可以回收投資資金……
妳犯錯的地方在於，把經營當成在算數學問題一樣。

確實如安曇老師所說……
人力不但沒減少反而增加，投資金額也已超過一億日圓的預算了。
這次的失敗，可以說是人禍。
!!
人禍?!
沒錯！有個招致失敗的犯人存在。
犯人……!!
再怎麼想，犯人除了系統開發的當事人外別無他人……
不是資訊系統部主任唐澤先生，就是承包開發工作的NFI公司……
尤其是唐澤先生，他的責任很大……
每次一出狀況，他說來說去都是「到系統正式運作之前，一定都會有問題伴隨著出現」。
要是他坦誠向我報告，我搞不好可以在更早的階段就做必要的處置！
可是他卻……!!

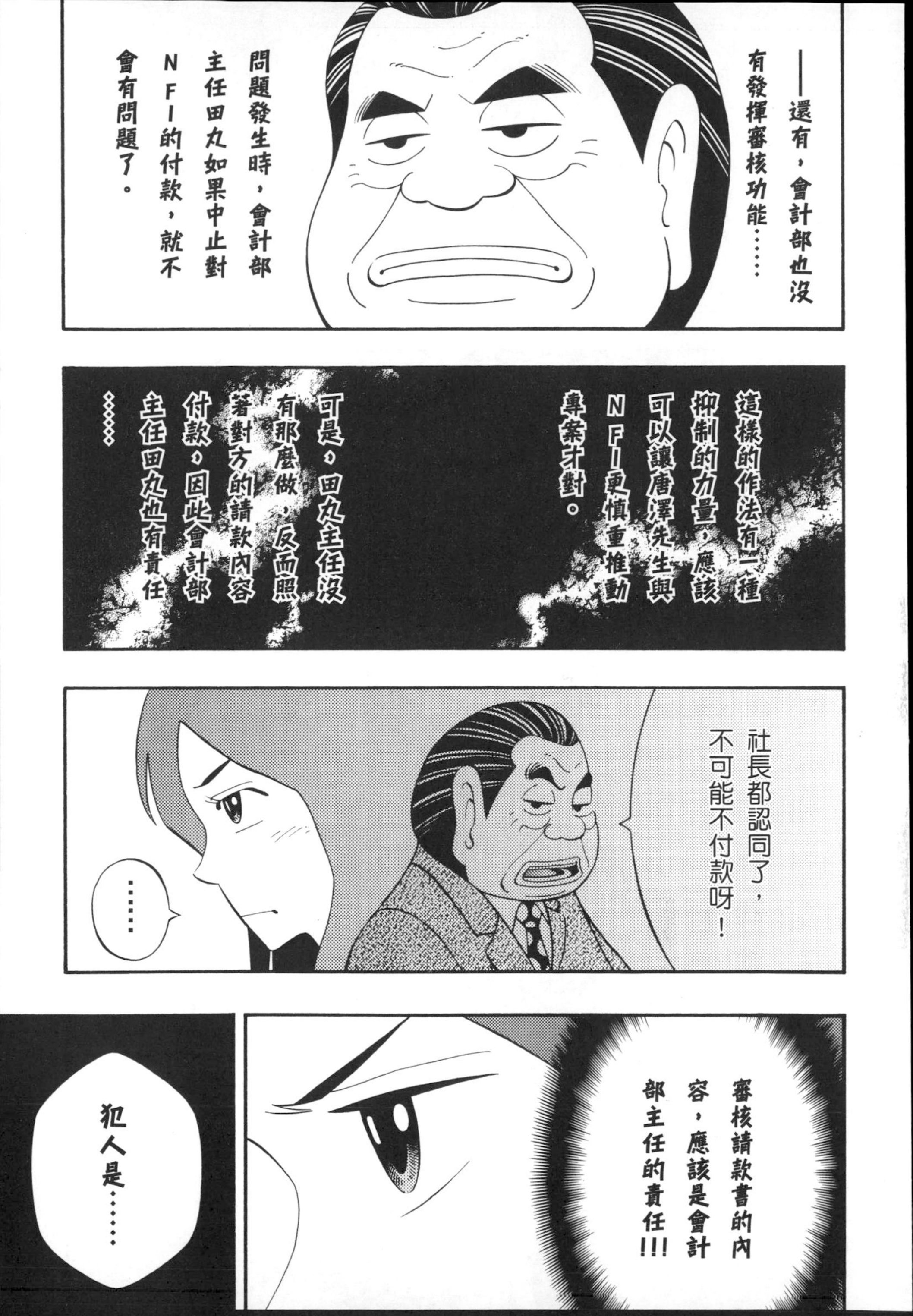
——還有，會計部也沒有發揮審核功能……
問題發生時，會計部主任田丸如果中止對NFI的付款，就不會有問題了。
這樣的作法有一種抑制的力量，應該可以讓唐澤先生與NFI更慎重推動專案才對。
可是，田丸主任沒有那麼做，反而照著對方的請款內容付款，因此會計部主任田丸也有責任……
社長都認同了，不可能不付款呀！
……
審核請款書的內容，應該是會計部主任的責任!!!
犯人是……

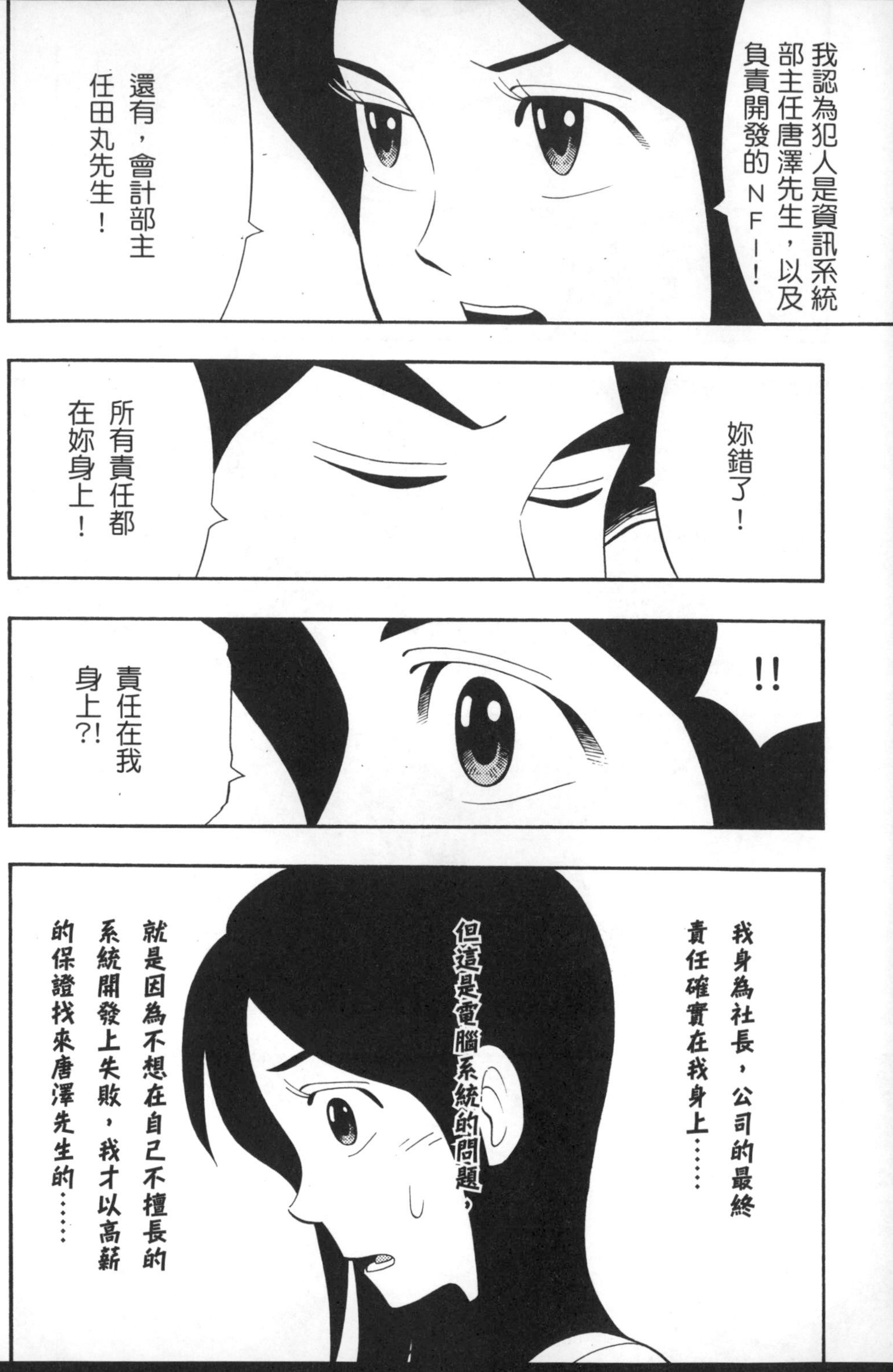
我認為犯人是資訊系統部主任唐澤先生，以及負責開發的NFI！
還有，會計部主任田丸先生！
妳錯了！
所有責任都在妳身上！
!!
責任在我身上?!
我身為社長，公司的最終責任確實在我身上……
但這是電腦系統的問題，
就是因為不想在自己不擅長的系統開發上失敗，我才以高薪的保證找來唐澤先生的……

田丸先生也一樣、他是會計專家、、如果請款內容有不明確處、他當然應該要確認啊！
但為什麼是我的責任?!!
遭逢一百億日圓瓶頸的Hanna公司，變成必須透過「機制」經營組織。
於是，妳想到要導入電腦系統。
是！
然而，妳們公司卻沒做「設計機制」的動作。
設計機制？

採用值得信賴的ERP套裝軟體與大型系統整合供應商，是讓電腦系統成功的關鍵。
我們明明已經採用了ERP套裝軟體，為什麼還非得要設計什麼機制不可呢……
我知道投資的金額很龐大，因此採用了評價不錯的ERP套裝軟體，
也委託了值得信賴的系統整合公司……
原因在於，我覺得ERP套裝軟體裡頭已經安排好「理想的機制」了。

不知不覺間，妳似乎忘了自己是企業的經營者了呢！
!!
電腦系統能否成功的關鍵，不在於ERP套裝軟體，也不在於系統整合公司。
關鍵在於，經營者能否明確定義出哪些是經營所需要的資訊。
換句話說，就是「資訊的責任在於身為社長的妳身上」。

——!!
我無法反駁。
任何人妳都不能苛責……事實上，ERP套裝軟體是製作精美的一種藝術品。
而服務於系統整合公司的顧問或系統工程師也都很優秀。
但即使兩項條件都具備，卻少了妳的靈魂在其中的話，電腦系統就不過是一台什麼忙也幫不上、什麼價值也沒有，只會不斷排出垃圾的「垃圾製造機」而已。
垃圾製造機……
老師說的沒錯……
但總覺得哪裡
怪怪的……

資訊與資料

我剛才說，資訊責任在妳身上……
吸～吸～
要讓妳理解這番話的意思，似乎必須稍微幫妳的腦子補充一些新知識。
是……安曇老師
所謂的資訊，指的是資料的責任嗎？
不是那樣。
妳把資料、資訊與知識混為一談了。
資料只是純粹的數值、文字或記號而已……
再加上對這些資料的關心，或是加上目的與評鑑標準整理過後，才是資訊！
例如像這樣……
寫～寫～

這是在民眾仍頻繁使用片假名的電報時的事。
看到孩子傳來這樣的電報，父母大為吃驚，想像著兒子的狀況。
カネオクレタノム
（KANEOKURETANOMU）
——母親覺得這是「緊急需要用錢，所以才傳電報來（拜託送錢來）」。
但，愛喝酒的父親卻解讀為「一直等不到你們送錢來，我變得自暴自棄喝悶酒。
（錢來晚了，喝酒）」（註）
也就是說，因為關心的事情不同，資料會變成截然不同的資訊。
……
——還有一點，
可以把資料與資訊比喻為食材與料理間的關係。
？

譯註：前者是「KANEOKURE TANOMU」，後者是「KANEOKURETA NOMU」雙方是因為看片假名的電報時斷句斷在不同地方，才會造成理解上的差異。

同樣使用牛肉，它可以因為料理的目的不同，而變成牛排、變成壽喜燒，或變成燒肉。
!!
我了解資料與資訊的不同了!!
但是老師……
資訊與知識又有什麼不同呢？
——把資訊整合起來，再加上當事人的經驗匯整過後，就是「知識」。
也就是說，知識可說是把經驗系統化過後的東西。
突然拿出
MENU
？
如果光只有料理，不過是資訊而已。
但如果把料理名稱做成菜單，就變成知識。
或者，把料理的食譜整理成書，也是很了不起的知識。

很好理解!!
由紀小姐，
這次我改用Hanna公司的事業內容來說明吧！
好！麻煩您了!!
緊握
妳聽好……計算毛衣或裙子的銷售件數與銷售金額，
這是資訊！
——接著，再依照銷售金額的多寡排列產品的話，就知道哪些是「暢銷品」與「滯銷品」，
再加上各產品的成本、計算損益的話，也可以得知哪個賺錢、哪個虧錢。

把資訊轉換為知識，就是這麼回事。
寫
寫～
寫～
這也是我第一次了解到「知識」的意義!!
經營者就是要把這些知識活用在企業的經營上！
利潤高的產品就增加銷售。
銷售金額少、沒有利潤的產品，就停止銷售。
銷售金額高但利潤少的產品，就重新檢討其銷售價格、使用材料或製造方式。
妳的工作就是要把這樣的知識化為利潤，再把利潤化為現金！
是!!!

一開始先有資料。
資料再轉變為資訊、知識、利潤、現金。
資訊的種類無限，像是收益相關資訊、成本相關資訊、單一客戶相關資訊等等。
把資訊轉換為知識、把知識轉換為利潤。
——企業經營者必須自己負起責任、定義出所需要的資訊與知識。
所有的資訊責任，都在身為經營者的我身上!!!
資料
資訊
知識
利潤
現金
這樣妳懂了吧！

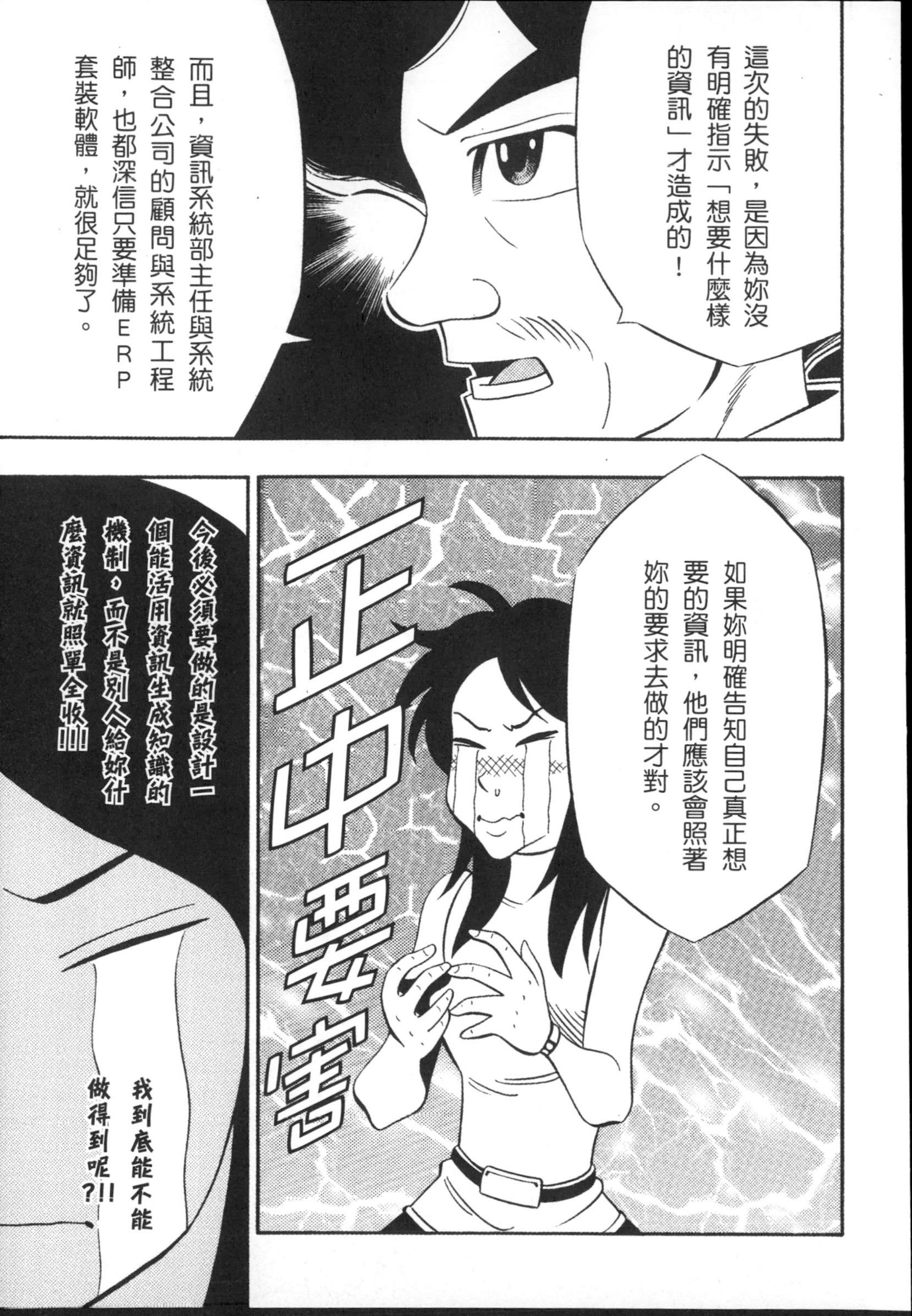
這次的失敗，是因為妳沒有明確指示「想要什麼樣的資訊」才造成的！
而且，資訊系統部主任與系統整合公司的顧問與系統工程師，也都深信只要準備ERP套裝軟體，就很足夠了。
如果妳明確告知自己真正想要的資訊，他們應該會照著妳的要求去做的才對。
正中要害
今後必須要做的是設計一個能活用資訊生成知識的機制，而不是別人給妳什麼資訊就照單全收!!!
我到底能不能做得到呢?!!

……老師
？
您可以再聽一次我任性的要求嗎？
……這樣的狀況如果持續下去……
公司的情形會變得很糟……
拿出…

我的行程已經排滿到六個月之後了，
只有星期六日能夠和妳碰面而已呀。
!!
哪裡我都願意去!!
麻煩您了!!!
那我就接受妳的委託。
不過，由紀小姐，
我有三個條件。

──第一，妳要到我所指定的城市上課。
第二，要享用該國的美食與紅酒。
……
……
僵……
然後還有最後的報酬……
微笑
？
半年後我再告訴妳好了!!
因為到那時候，Hanna的業績應該已經回復，銀行存款也已經增加了！
♪
好！我知道了!!

那，我們傍晚見了！
第一次的上課地點，就在我經常光顧的餐廳!!
妳回日本的班機是晚上十一點起飛，因此用完餐後再到機場去也不遲!!
……

安曇教授的解說園地

【資訊素養與資訊責任】

所謂的素養，指的是關於特定領域的知識、教養、能力。

一般而言，資訊素養指的是能夠活用資訊科技（電腦與網路）、處理資訊與資料的知識與能力。

管理學大師彼得・杜拉克把資訊素養定義為「使用資訊完成事情的能力」(註)本書的主題之一，就是企業經營者的資訊素養。

電腦，不過是一種用於處理資料、收集資訊的工具而已。

使用工具收集資訊，是資訊系統部的工作。決定要怎麼使用電腦這種工具、再把從中得到的資訊使用在經營上的，是企業經營者。

因此，企業經營者有責任要考量「需要什麼樣的資訊、資訊需要什麼樣的格式」。此稱之為「資訊責任」。

經營者若能把自己需要的資訊講清楚，資訊系統就能回答「這樣的資訊，可以用這樣的形式收集」。

這麼說並不為過：像Hanna公司那樣，在推動系統化的過程中發生問題的根本原因在於，經營者沒有負起資訊責任。

註：《下一個社會》（Managing in the Next Society），彼得・杜拉克（Peter F. Drucker）著。

第2章
經營者要像鳥、像蟲、像魚一樣

～經營者應擁有的觀點與資訊～

泰國的餐廳

……
……
已經十分鐘以上
動彈不得了……
是不是哪裡出了什麼車禍啊？
只是在等紅綠燈而已。
這一帶經常如此。
欸!?
紅綠燈要等十分鐘以上?!

總共停了二十分鐘之久……載我們的計程車才開動。(汗)
——今天的上課地點是位於曼谷中心地帶的泰國料理餐廳。
好漂亮的店！
♪
麻煩你，飛香堡的酒。
鞠躬
好的。
泰國料理和聖愛美濃的紅酒很搭。
料理就由我來點可以嗎？
可以！麻煩您了!!

○※□△×△×○※……
泰文!!!不愧是老師，什麼都懂!!
——直接進入正題吧！
好!!
妳現在是以什麼樣的心情在經營公司的？
什麼樣的心情……
當上社長以後……
我覺得自己和第一線的距離變得愈來愈遠……
和第一線的距離……
可以講得更具體一點嗎？

這陣子我一直完全不知道第一線發生什麼樣的事，十分擔心……
在我還只是設計師的時候，雖然沒有一天不在工作上碰到問題……
但當上社長之後，即使第一線發生什麼事，也沒有人告訴我。
變成只有一些不痛不癢的無害資訊才會送到妳這裡來吧！
沒錯！
我聽從老師的指示，一有時間就到第一線去看。
因此，我大概知道公司的業績是好是壞。
可是，完全沒有人向我報告任何問題，會計部送上來的每月報表也和我所想像的數字不同。
原來如此……每月報表對社長來說變成騙人畫了。

!!
我在不知不覺間被騙了?!
我希望會計部做出我能夠認同的財務報表。
也希望能夠把公司弄成從各種角度都能看得清清楚楚。
我也希望能得知每天發生了什麼樣的問題。
一有異常事態發生，我希望能馬上因應。
但現實中……
卻沒有一件做得到…
……
也就是說，妳的想法是這樣……
寫~
寫~

經營者的觀點與應提供的會計資料

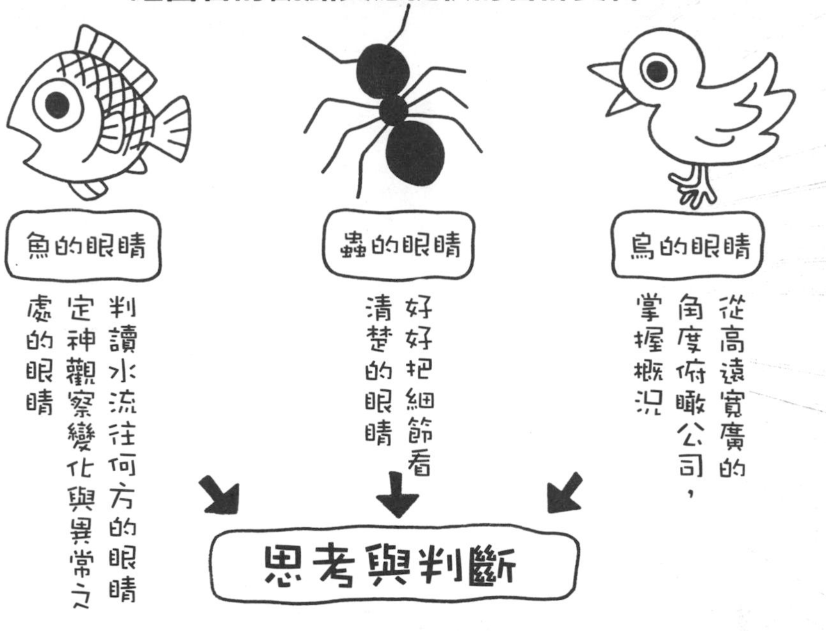
魚的眼睛
判讀水流往何方的眼睛
定神觀察變化與異常之處的眼睛
蟲的眼睛
好好把細節看清楚的眼睛
鳥的眼睛
從高遠寬廣的角度俯瞰公司，掌握概況
思考與判斷

妳希望自己有時候像「鳥」，有時候像「蟲」，有時候又像「魚」。
鳥 蟲 魚？
??
「鳥」在高空中飛行，可以俯瞰地面掌握概況。
「蟲」在地面到處爬行、觀察細節。
「魚」可以判讀水的流向，對於突然的變化或異常之處不會看漏。

「鳥」之所以不會在森林中迷路，是因為牠能夠以寬廣的視野看到整片森林。
妳也一樣！
無論公司的規模變得多大，無論公司的活動再怎麼複雜，經營者都必須能夠掌握公司整體的概況。
能夠理解!!
「蟲」的眼睛就是密切與第一線接觸、察看細節的眼睛。
蟲的眼睛!!
如果我是螞蟻，世界看起來會是什麼樣子呢?……

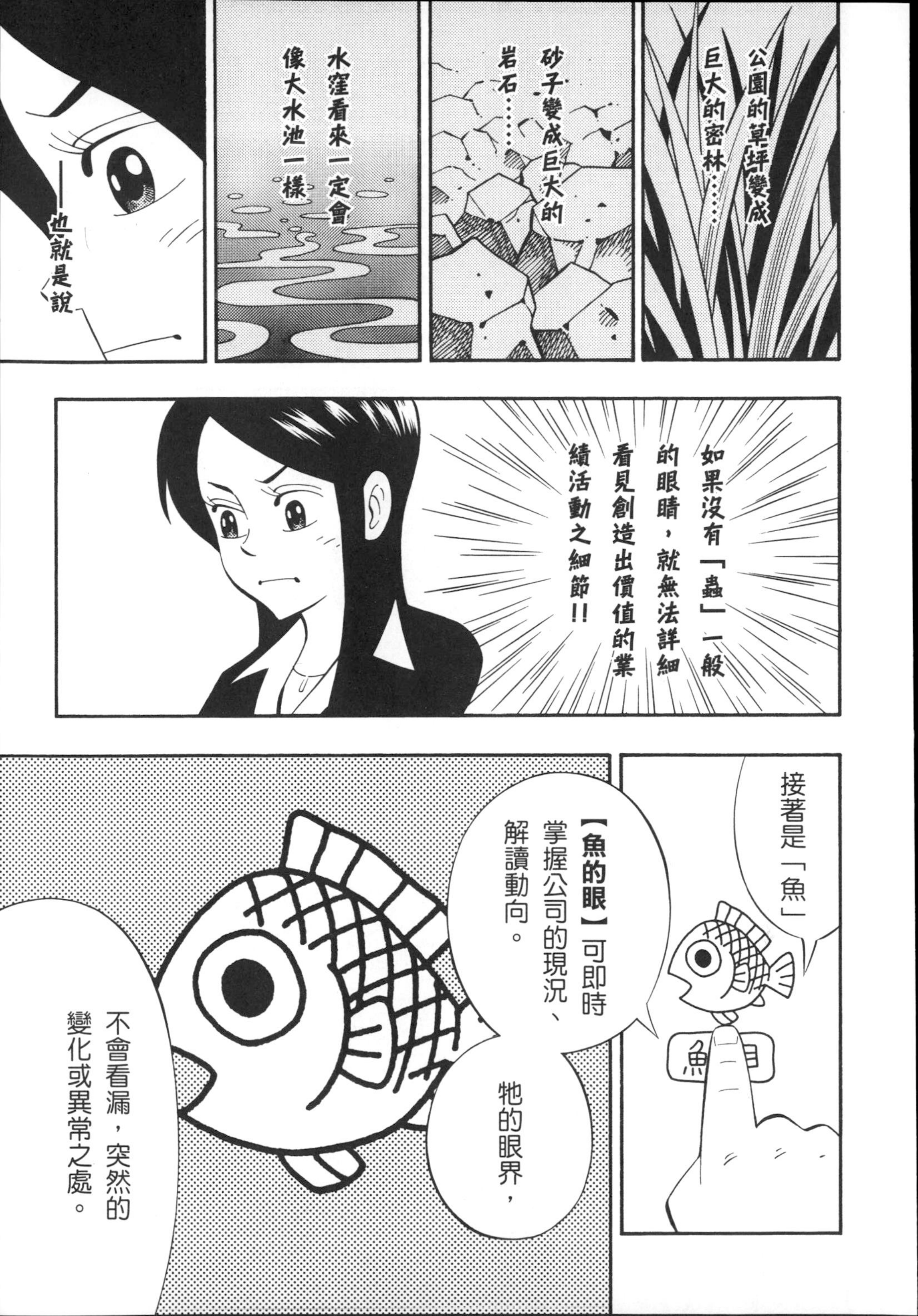
公園的草坪變成巨大的密林……
砂子變成巨大的岩石……
水窪看來一定會像大水池一樣
──也就是說
如果沒有「蟲」一般的眼睛，就無法詳細看見創造出價值的業績活動之細節!!
接著是「魚」
【魚的眼】可即時掌握公司的現況、解讀動向。
魚
目
牠的眼界，
不會看漏，突然的變化或異常之處。

用語解說

【魚的眼】

伊丹敬之教授在他的作品《出色經營者的模樣》（日本經濟新聞出版社）中有這樣的說明：「所謂以魚的眼來看，就是我們在觀察與思考時，要像順著潮流移動的魚一樣；為判讀水流往何方，牠們會無時無刻定神細視流向的小變化以及大水流的出現」。

鮪魚不會逆著海流前進。
眼前若有危機迫近，牠會避開；牠一輩子都會無休止地持續游下去。
企業的經營也一樣……
公司會一直前進，不會停止；經營者必須一面前進、一面掌握現況，並預測未來的業績會如何變化。
HANNA
老師！
？

除了會計資訊之外，還有其他的資訊吧？
妳說得對……資訊無限存在，妳眼睛觀察到的工廠或營業
處的景象、妳和公司內外人士間的對話……文件與電視、收音機、網路等等都是。
但對企業經營者而言，會計資訊是尤其重要的資訊。
無論是電腦尚不存在的十四世紀威尼斯商人，還是二十世紀初大型企業的經營者，
一直都是仰賴會計資訊在做決策。

……可是……
唐澤主任卻說，ERP系統是最有效的資訊系統。
只要導入ERP系統，就變成能夠迅速做出經營上的判斷。
哈哈哈哈哈!!!
!?
我每次買了減肥機之後都會後悔。
之前也是，有一種皮帶據說只要穿在腹部通過電流，就可以在一星期內減重兩公斤，但是我買了之後，反而胖了一公斤呀!!
拍肚
拍肚
啊!!
原來你胖了啊!!
哈哈哈

ERP 系統

——接下來，
我簡單告訴妳什麼是ERP。
接單、採購、生產、銷售、人事薪資、會計等等構成企業商業流程的業務，稱為基幹業務。
簡單地說，支援這些基幹業務的就是ERP系統。
老師……系統是什麼意思？
一直以來我都沒有仔細思考「系統」這個專有名詞，就直接使用了……
在講電腦系統、ERP系統、會計系統、庫存系統等等的時候，我以為那和電腦軟體是一樣的……

——後來我才覺得，系統好像是範圍更廣更廣的一種概念……
由紀小姐……所謂的系統，就是像人體一樣的東西。
？
人的身體是由腦、肺、心臟、肝臟、肌肉、血流等彼此相關的要素（部位）所構成的。
不消說，人（整體）不光是這些部位全部加起來而已。
……
確實如此
覺得自己好像有點懂了。
公司也是系統。
在Hanna內部，員工們從事著設計、製造、銷售、會計等工作。
HANNA

這些工作匯整在一起構成了全體。
——公司不是人、物資、金錢的集合。
而是宛如有生命置身其中一樣，創造出比這些東西加起來還多的價值，甚至能夠在有實力的經營者帶領下，持續存在百年以上。
安曇認為，在思考系統時，應該把焦點放在系統的結構以及系統所帶來的成果上。
而只要使用會計系統，即使不懂簿記，也能夠製作財務報表！
只要有系統，缺乏實務經驗的人，也能夠做出平均成績以上的成果來。
是!!
寫~
寫~
？

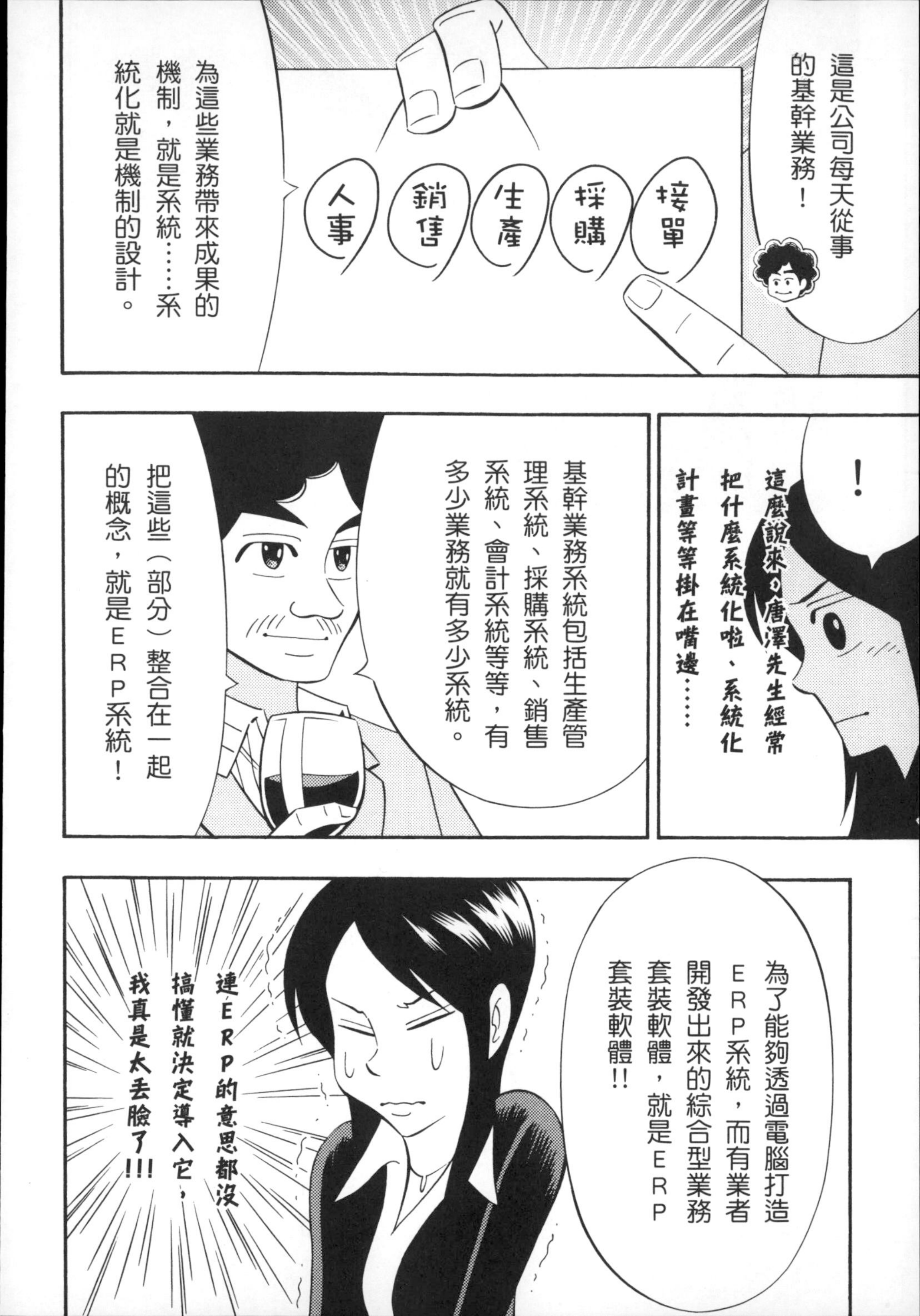
這是公司每天從事的基幹業務！
接單
採購
生產
銷售
人事
為這些業務帶來成果的機制，就是系統……系統化就是機制的設計。
！
這麼說來，唐澤先生經常把什麼系統化啦、系統化計畫等等掛在嘴邊……
基幹業務系統包括生產管理系統、採購系統、銷售系統、會計系統等等，有多少業務就有多少系統。
把這些（部分）整合在一起的概念，就是ERP系統！
為了能夠透過電腦打造ERP系統，而有業者開發出來的綜合型業務套裝軟體，就是ERP套裝軟體!!
連ERP的意思都沒搞懂就決定導入它，我真是太丟臉了!!!

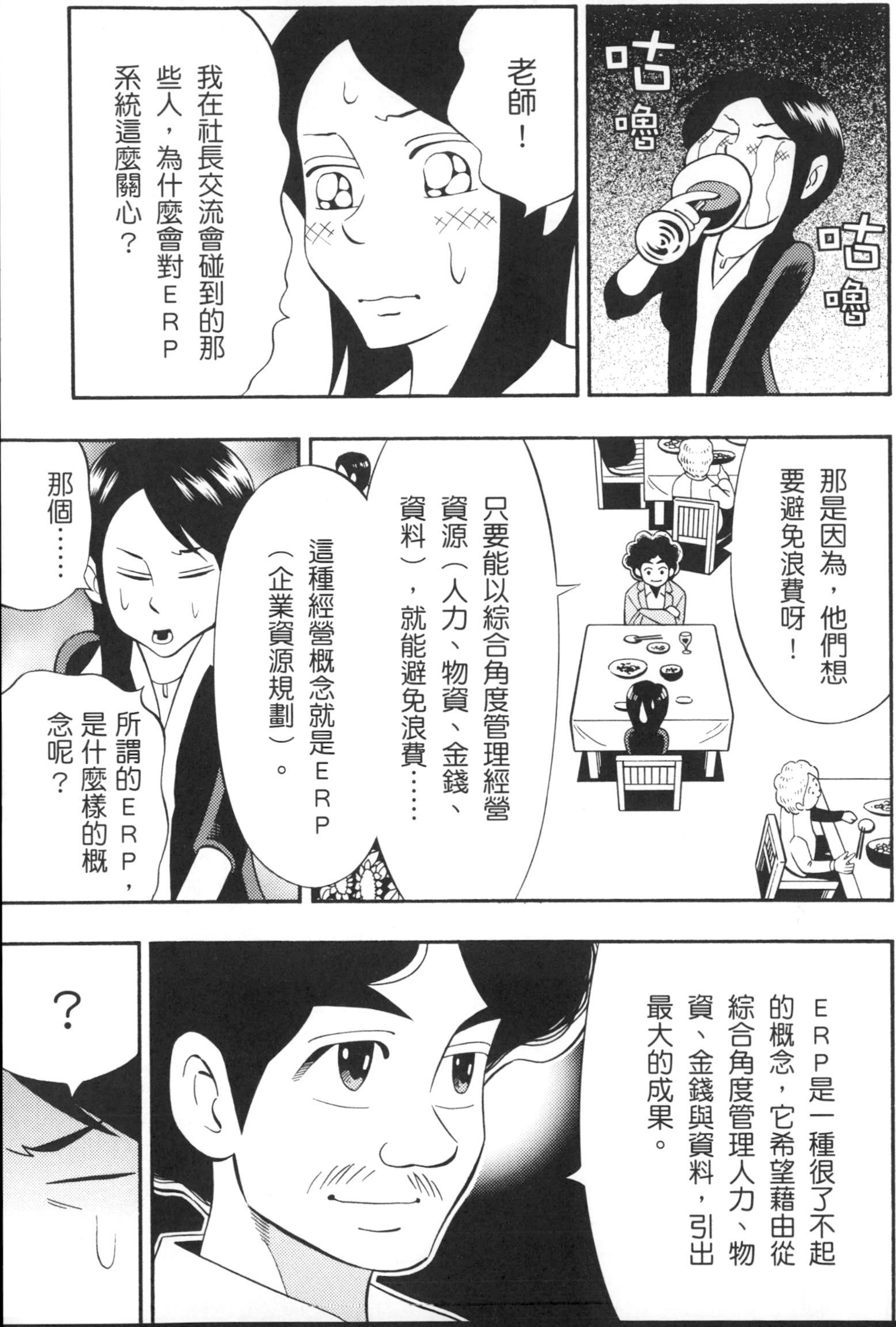
咕嚕
咕嚕
老師！
我在社長交流會碰到的那些人，為什麼會對ERP系統這麼關心？
那是因為，他們想要避免浪費呀！
只要能以綜合角度管理經營資源（人力、物資、金錢、資料），就能避免浪費……
這種經營概念就是ERP（企業資源規劃）。
那個……
所謂的ERP，是什麼樣的概念呢？
ERP是一種很了不起的概念，它希望藉由從綜合角度管理人力、物資、金錢與資料，引出最大的成果。
？

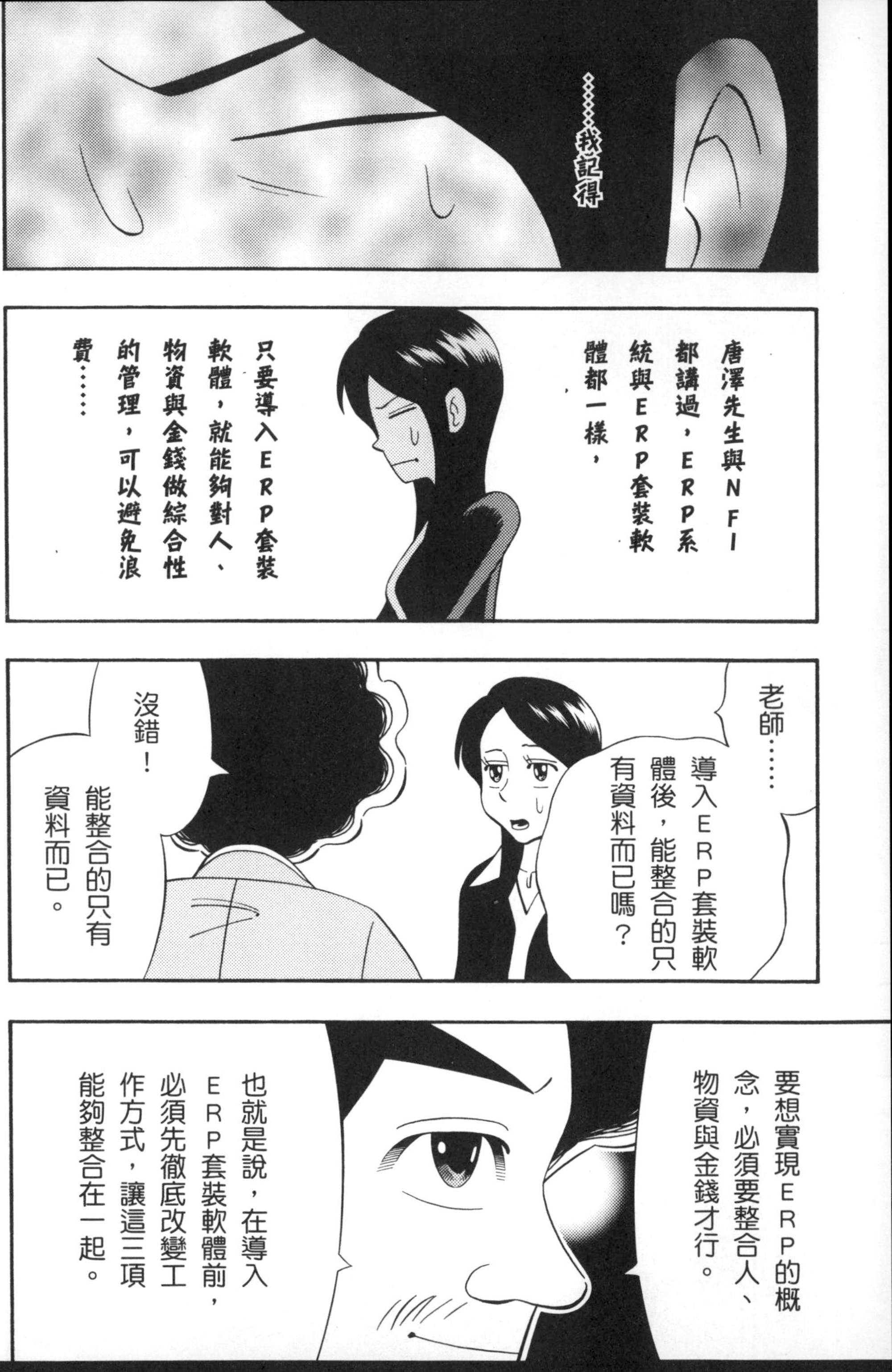
……我記得
唐澤先生與NFI都講過，ERP系統與ERP套裝軟體都一樣，
只要導入ERP套裝軟體，就能夠對人、物資與金錢做綜合性的管理，可以避免浪費……
老師……
導入ERP套裝軟體後，能整合的只有資料而已嗎？
沒錯！
能整合的只有資料而已。
要想實現ERP的概念，必須要整合人、物資與金錢才行。
也就是說，在導入ERP套裝軟體前，必須先徹底改變工作方式，讓這三項能夠整合在一起。

如果對這個部分有所誤解，就會像我對減肥機器失望一樣，也對ERP套裝軟體失望。
必須徹底改變工作方式!!
至今與唐澤先生間的對話……
僅止於資料整合的部分而已，並沒有談到徹底改變工作方式的部分……
聽說業務部與製造部也希望維持原本的工作方式，不想改變。
想當然爾，既然什麼也沒改變，就不能期待會有什麼神奇的成效。
唔……
只要稍微想一下，就知道道理所當然是這樣!!

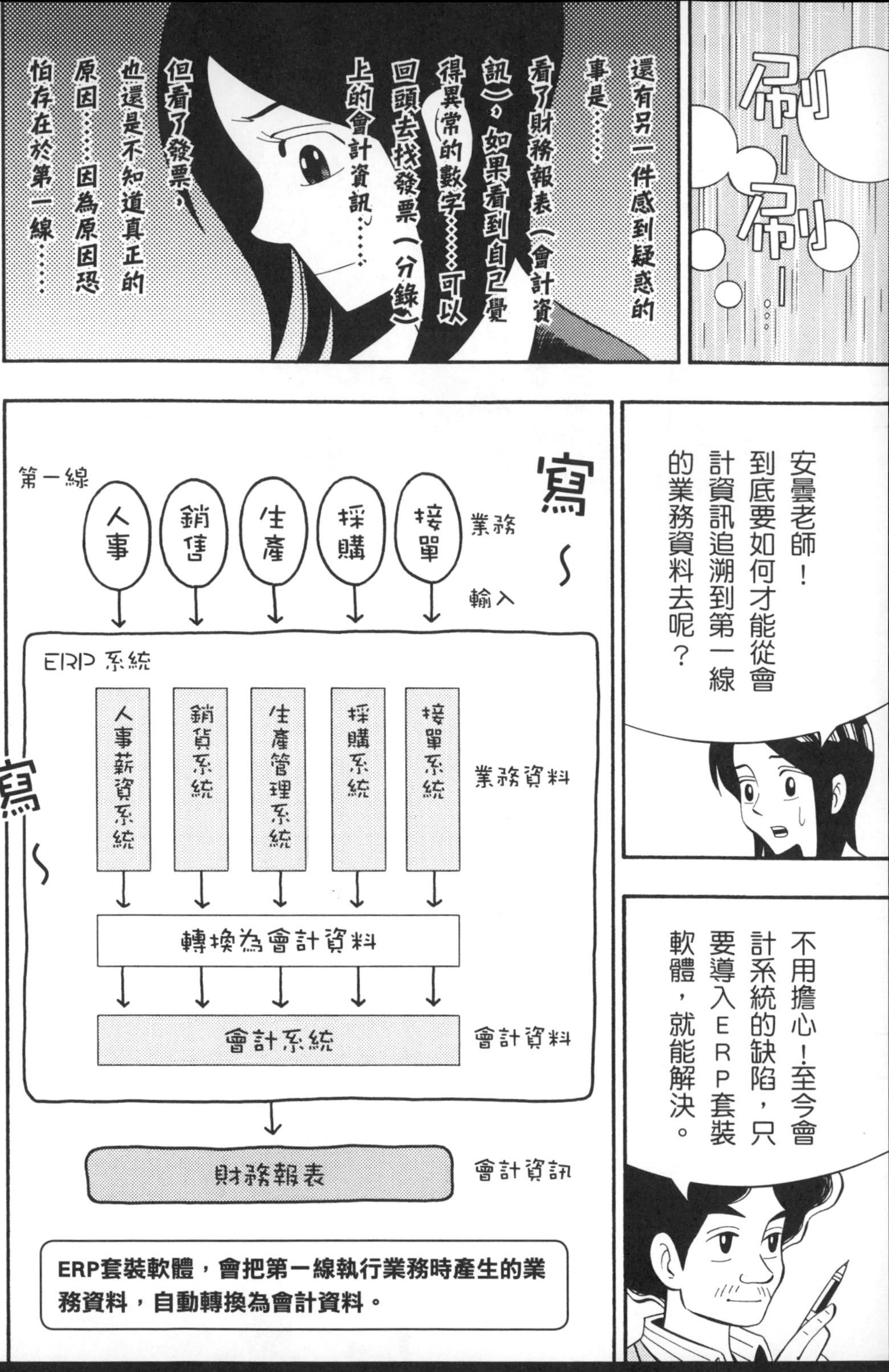
刷—刷—
還有另一件感到疑惑的事是……
看了財務報表（會計資訊），如果看到自己覺得異常的數字……可以回頭去找發票（分錄）上的會計資訊……
但看了發票，也還是不知道真正的原因……因為原因恐怕存在於第一線……
安曇老師！到底要如何才能從會計資訊追溯到第一線的業務資料去呢？
不用擔心！至今會計系統的缺陷，只要導入ERP套裝軟體，就能解決。
寫～
寫～
第一線
人事
銷售
生產
採購
接單
業務
輸入
ERP系統
人事薪資系統
銷貨系統
生產管理系統
採購系統
接單系統
業務資料
轉換為會計資料
會計系統
會計資料
財務報表
會計資訊
ERP套裝軟體，會把第一線執行業務時產生的業務資料，自動轉換為會計資料。

ERP套裝軟體的新穎之處在於，它會自動把業務資料轉換為會計資料。
而且還是即時完成的唷！
!!
即時?!
也就是說，在沒有導入ERP套裝軟體的公司，一旦賣出產品，業務部必須製作請款單，
倉儲人員會做出貨處理、填寫交貨單，會計部再據以製作分錄、輸入到會計系統中。
但只要導入ERP系統，只要從客戶那裡以電子形式接收接單資料，其後完全不必輸入什麼，就能自動製作出請款單、進出貨紀錄、交貨單、分錄，以及財務報表!!
而且還不會把資料打錯!!
太!!
太強了!!

不好吃的歐式自助餐

唐澤先生他們……
應該就是考量到會有這些便利之處吧……
不過，由紀小姐……
現實中可不會這麼順利。目前以電子資料形式下單的公司還很少，主要還是採用電話或傳真的方式，因此接單資料必須以人工作業輸入到電腦裡。
——而且，如果各事業所的客戶代碼或產品代碼各不相同的話，電腦會算不出正確結果而當機。

再者，人工輸入的資料也未必就正確。
此外……如果出現預期外的交易，電腦將會無法產生會計資料。
……
即使上述事項全部順利完成，這和妳能否取得自己想要的會計資訊，仍然是兩碼子事。
？
兩碼子事？
我的意思是，ERP套裝軟體所提供的資訊，未必能夠當成知識來運用。
我的腦子又開始迷糊起來了。
ERP套裝軟體固然準備了相當多的會計資訊，但妳未必會滿足於那樣的會計資訊。
就像種類雖然眾多，卻一點也不好吃的歐式自助餐一樣。
歐式自助餐？

沒錯……妳想要的資訊，如果沒有像單點料理那樣特別加點，就無法取得。
因此，不足的部分，必須用外掛軟體補強。
!!
這麼說來，NFI送來的高額請款單……
老師！只要買了外掛軟體，就能取得想要的會計資訊嗎？
!?
那到底該怎麼做？
如果光是花錢買，還是無法取得。
那就是……
妳應該要去解決的課題了。
嚼～
嚼～

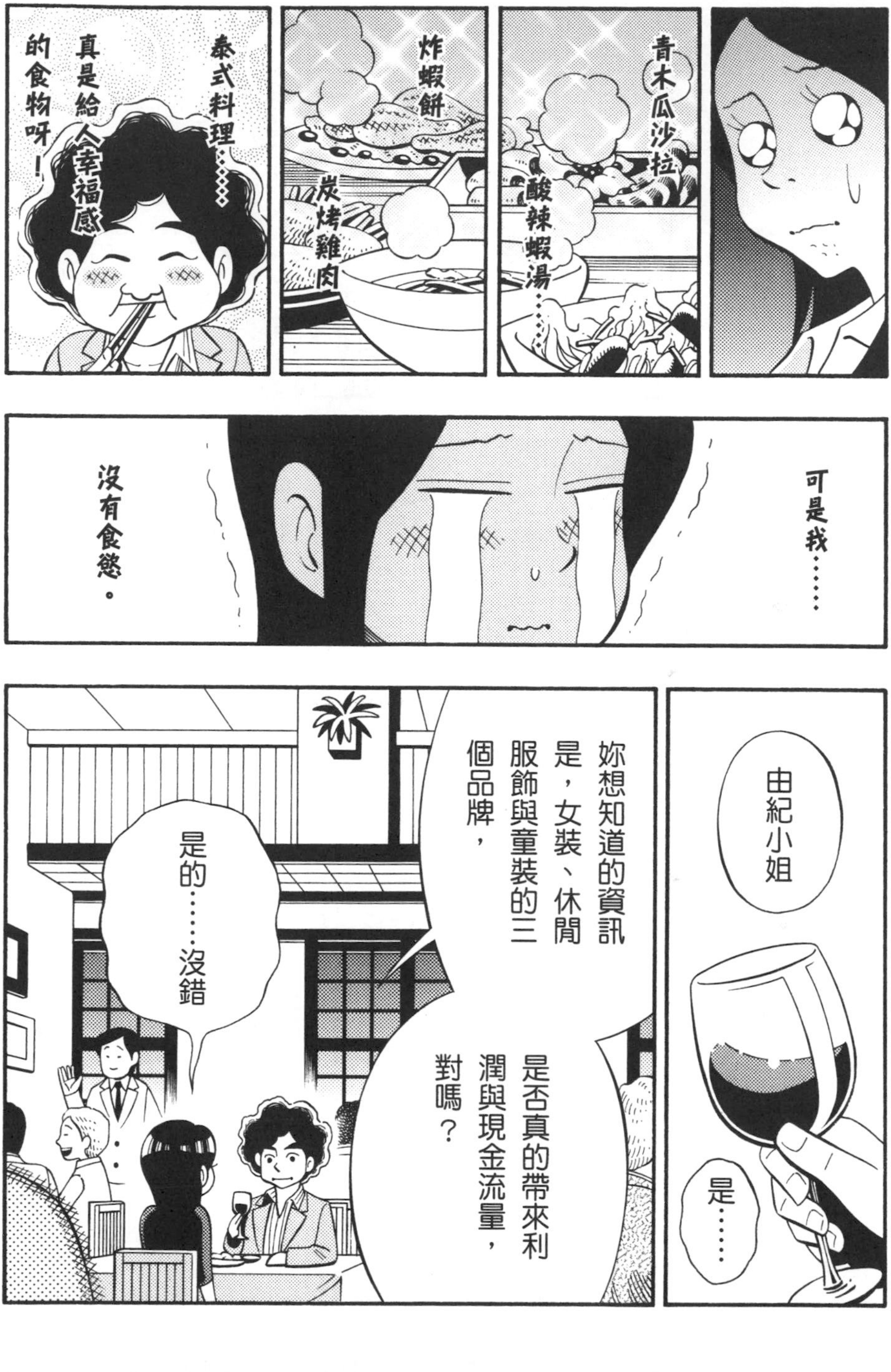
青木瓜沙拉
酸辣蝦湯……
炸蝦餅
炭烤雞肉
泰式料理……
真是給人幸福感的食物呀！
可是我……
沒有食慾。
由紀小姐
是……
妳想知道的資訊是，女裝、休閒服飾與童裝的三個品牌，
是否真的帶來利潤與現金流量，對嗎？
是的……沒錯

我的想法是，經營的出發點，在於了解各品牌的正確盈虧狀況。
……可是，會計部所製作的會計資訊，卻無法信賴。
由紀小姐……
回日本後，請妳先按照自己的方式計算這三個品牌的盈虧狀況看看。
這樣的話，妳應該可以慢慢知道自己今後該怎麼做。
好！我知道了！

安曇老師，下次可以和您在哪裡碰面呢？
一個月後我們在巴黎見吧！
安曇吃完甜點芒果布丁後，跳進等在那兒的禮車，瀟灑地離去。
好……好帥啊！
我也能夠變成像老師那樣嗎……？

安曇教授的解說園地

【何謂系統？】

系統定義為「是為了達成某種目的而彼此相關的要素之集合體，也是構成一個整體的組成份子（註）」。

因此，人體、足球隊、企業組織、機械裝置，都可以說是系統。

例如，足球隊是由從後方開始的守門員、後衛、中場球員與前鋒四種位置的球員，以贏得勝利為目的，一面相互產生關聯、一面進行比賽。

企業組織以獲利為目的，有企劃開發部、生產部、營業部、會計部、管理部等部門在相互產生關聯下活動。

系統接受要處理的對象後，經過處理，再輸出成果（結果）。以更簡單的講法，也可以說它是一種持續產出成果的「機制」。

讓每個人原本分別進行的業務產生關聯，變成一個有效率地產生成果的「機制」，就叫「系統化」。一個人即使缺乏實務經驗，只要使用系統，就能產出結果。

企業這個系統，是從事這種活動的存在：把現金轉換為人與物資，再透過商業流程創造價值，回收數量更大的現金。新創造出來的價值多寡，稱為「利潤」。

註：《入門 資訊系統學》，飯島淳一（日科技連2005年4月）。

【ERP、ERP系統與ERP套裝軟體（註）】

所謂的ERP，指的是「企業為追求利潤最大化，從組織的橫切面掌控資材、生產、銷售、物流、會計、人事等企業基幹業務，從全公司的角度將經營資源的活用最適化、作為計畫與管理之用的管理概念」（ERP研究推進論壇）。簡單地說，就是從整體角度管理經營資源（人、物資、金錢、資訊），追求經營效率化的手法與概念。也就是說，ERP也是一種「系統」。

將ERP的概念具體落實於企業經營中的資訊基礎架構，稱為ERP系統。具體而言，就是為企業的基幹業務而設置的資訊系統。要想從零開始打造ERP系統，需要高度的專業知識，以及龐大的工夫與資金。因此，有人會使用已經預先做好的套裝軟體，這就是ERP套裝軟體。

企業在打造ERP系統時，之所以使用ERP套裝軟體的理由包括，可縮短程式開發期間、刪減成本（比自行開發便宜），以及可吸取先進企業的業務技巧（最佳實務作法）等等。

也就是說，三者間的關係是：ERP是一種概念，ERP系統是資訊基礎架構，ERP套裝軟體則是實現ERP概念的工具。順便一提，有時候會把ERP與ERP套裝軟體當成同一個字來使用。這是因為，ERP不是從概念開始發展的，而是從套裝軟體這種「東西」開始有的。

註：《從失敗實例中學習　導入ERP專案的「最適解」》，齊藤滋春（ASCII雜誌　2007年9月）。

【ERP套裝軟體的特長】

在本章中也提到，ERP套裝軟體的特長在於，它可以將第一線從事的業務化為資料，再轉換為會計資料（分錄）儲存於資料庫中，透過會計系統呈現實際業務狀況。

既有的會計系統，是從會計分錄出發的。這種會計分錄將業務資料（例如請款單的金額）簡略化，再透過人工方式轉換為會計分錄。由於起點是會計分錄，即使能夠從會計報表回溯到會計分錄，也無法再回溯到業務資料。

ERP套裝軟體的特長是，自動把在相互連動的業務系統中生成的業務資料轉換為會計資料、儲存於資料庫中，再從中取出會計資料製作財務報表或管理會計資訊。因此，會計資訊可以回溯到會計資料，也可以再回溯到業務資料去。

【ERP套裝軟體的盲點】

如上所述，ERP套裝軟體可說是一種只要一有業務活動，就能以會計數值呈現公司活動的會計系統。換個角度看，可以說只要沒反應在會計分錄上的活動，也就是物資的移動或時間流的管理，ERP套裝軟體就不擅長管理。

例如，庫存管理、作業管理、機械稼動時間管理、人的時間管理等等。ＥＲＰ套裝軟體所無法涵蓋的部分，固然可以使用工程管理用的外掛軟體，或是追加設計程式，但彼此間的整合性，似乎不容易實現。

【即時管理】

讓實際業務流程與業務資料流程一致，以及讓業務資料與會計資料一致，即時以會計資訊呈現公司的實際狀況、以敏捷的手法經營企業，稱為即時管理（ＲＴＭ：Real Time Management）。

即便導入ＥＲＰ系統，也未必就能做到即時管理。確實，只要將資料輸入ＥＲＰ系統，就能即時處理之，最後反映在會計系統上。然而，現實中如果在執行業務後，到輸入業務資料之前隔了一段時間的話，ＥＲＰ系統上所呈現的，就是過去的狀況了。

基於這樣的理由，要想實現即時管理，不光需要電腦系統，還必須在一有業務活動，就即時將資料輸入ＥＲＰ系統。也就是說，重點在於，要建立一個即時收集實際業務成果的機制。

第3章

巴黎的街道為何美麗？

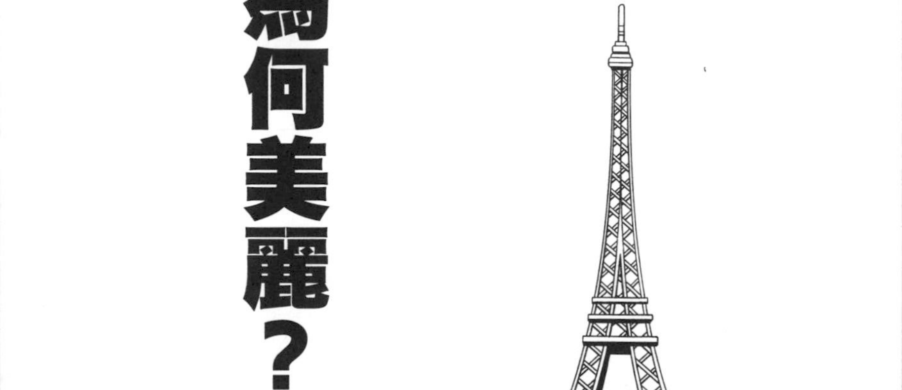

～一開始就要明確訂出希望實現的目標～

社長室
——隔天
上午十點
由紀直接從成田
機場前往總公司。
HANNA
社長室
Hanna 製造部主任
林田 達也
Hanna 會計部主任
田丸文二
Hanna 業務部主任
真鍋 治

我最關心的事是，女裝、童裝與休閒服
這三個品牌是否真的賺錢？

社長……妳只為了確認這種事，就特地跑到泰國去嗎？
只要去看我每個月製作的月財務報表，應該就知道了吧。

田丸所謂的品牌別損益表，按照品牌別將營收與毛利整理成一覽表，每個月提供給經營幹部。

品牌別損益表

單位：億圓

	女裝	童裝	休閒服	合計
銷貨收入	50	30	20	100
標準銷貨成本	35	17	10	62
毛利	15	13	10	38
成本差異	−0.5	−1.5	–	−2
實際毛利	14.5	11.5	10	36
毛利率	29%	38%	50%	36%
管銷費用	–	–	–	33
營業利益	–	–	–	3
利息費用	–	–	–	2
經常利益	–	–	–	1

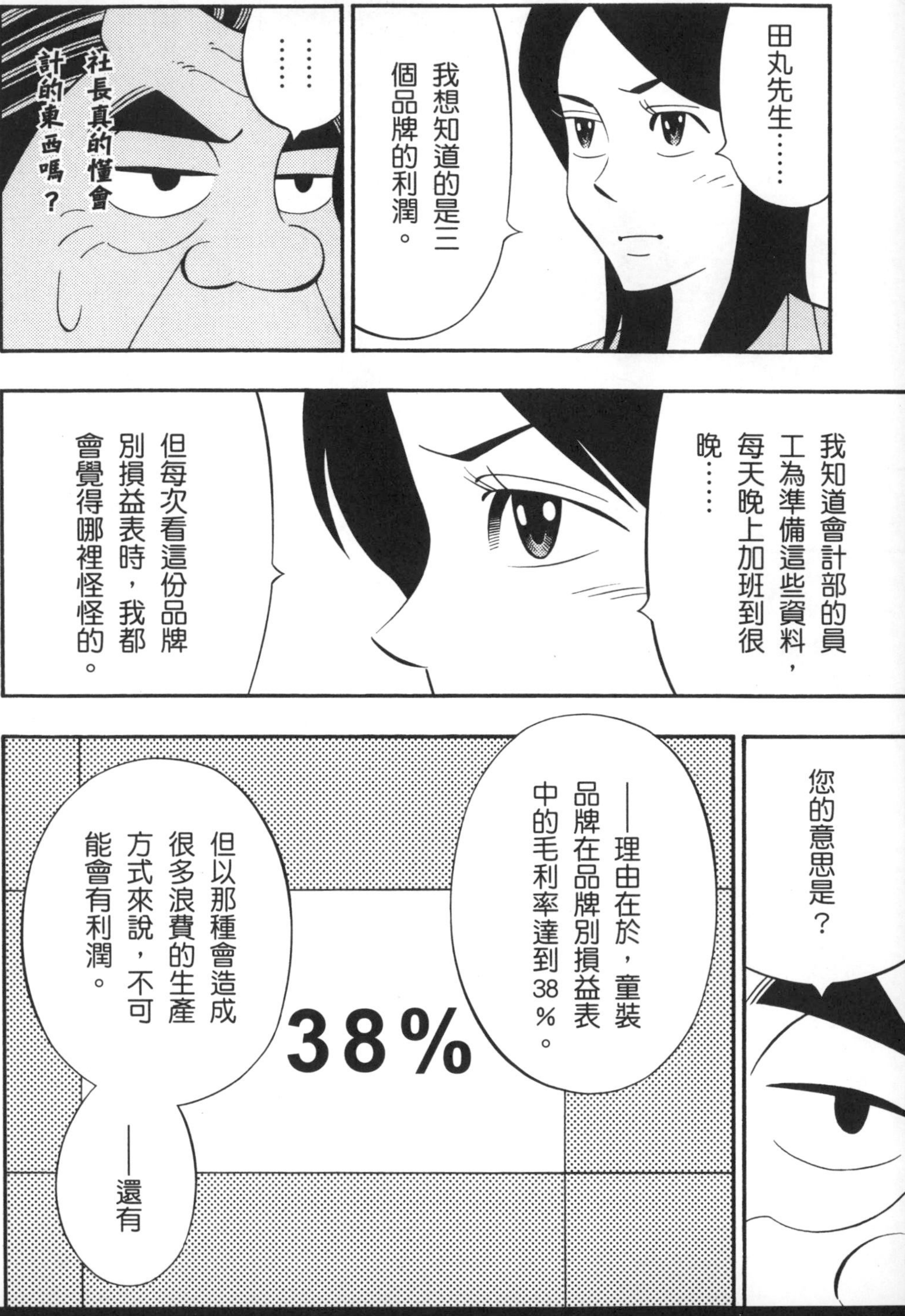
田丸先生……
我想知道的是三個品牌的利潤。
……
社長真的懂會計的東西嗎？
我知道會計部的員工為準備這些資料，每天晚上加班到很晚……
但每次看這份品牌別損益表時，我都會覺得哪裡怪怪的。
您的意思是？
——理由在於，童裝品牌在品牌別損益表中的毛利率達到38％。
38%
但以那種會造成很多浪費的生產方式來說，不可能會有利潤。
——還有

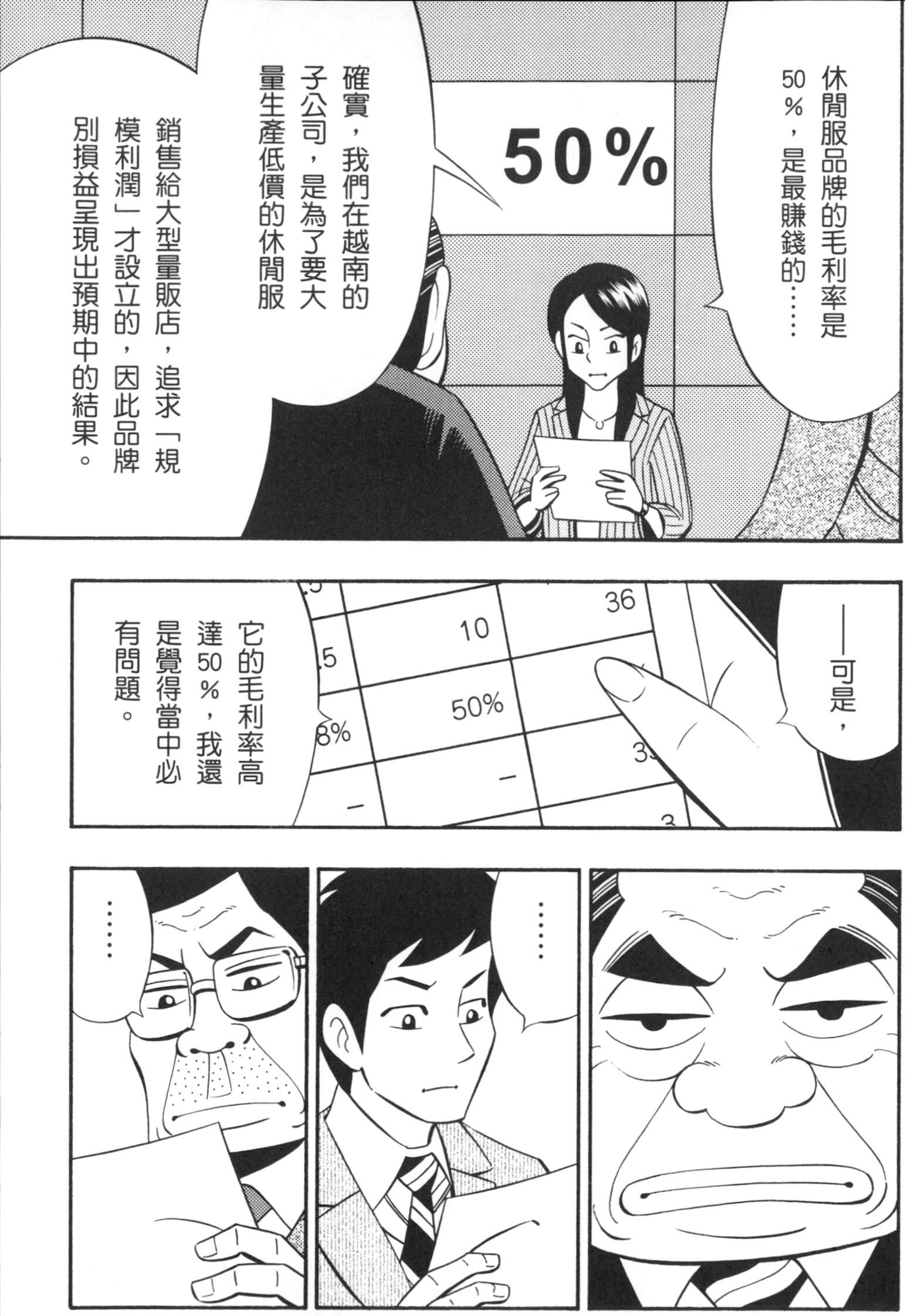
休閒服品牌的毛利率是50％，是最賺錢的……
50%
確實，我們在越南的子公司，是為了要大量生產低價的休閒服
銷售給大型量販店，追求「規模利潤」才設立的，因此品牌別損益呈現出預期中的結果。
——可是，
它的毛利率高達50％，我還是覺得當中必有問題。
36
10
50%
……
……

我之所以可以自信滿滿地明確和你說這些，是因為我自己每兩個月會去視察一次工廠。
我每次看到的總是停止的生產線、
無所事事的員工，以及低稼動率……
………
最讓我在意的是，女裝品牌的毛利率最低，只有29％。
它的毛利明明最多，有14.5億……卻和營收規模只有它一半以下的休閒服的10億圓毛利差不了多少。
女裝
毛利率 29%
我再怎麼看，都無法理解這樣的數字。
女裝
實際毛利 14.5
休閒服
實際毛利 10

在三個品牌中，一向是Hanna產品支柱的女裝品牌有最多的固定粉絲支持，銷售也很穩定。
由紀的印象與會計製作出來的品牌別損益表上的數字，實在差太多。
女裝的毛利不該只有這種程度而已。
HANNA
那是因為社長妳的直覺有誤吧……
其實，品牌別損益表是依照管理會計理論製作的。
銷貨成本以【標準成本】計算，與產品實際成本間的差距稱為【成本差異】。

用語解說

【標準成本】

在成為效能衡量標準的前提下，根據科學性、統計性的分析，以預定價格或正常價格計算而來的成本。

——不過它所代表的內容會隨時代而變化。

【成本差異】

在實際成本制中，把成本的一部分以預定價格等項目計算時的成本與實際成本間的差額，以及在標準成本制中，標準成本與實際成本間的差額。

只要分析此一成本差異，就能得知工廠的盈虧；
調整成本差異後的金額，就是實際的品牌別毛利。
但【管銷費用】與利息費用很難畫分成三個品牌。

這是因為，如果勉強把這些費用【分攤】到三個品牌中，會造成它們的損益扭曲。
因此，我刻意不予分攤，而當成全公司的共同費用來處理。

用語解說

【管銷費用】

指企業的銷售活動及一般管理活動中產生的費用。銷售費用（銷售部門的費用）中，包括銷售員的人事費，以及廣告宣傳費等；一般管理費用（會計、總務部或全公司所有部門的費用）中，包括管理部門的人事費與交通費等等。

【分攤】

指依照分攤標準，把橫跨多項事業、多個部門或多產品的費用（間接費用）分散到各部門或各產品中負擔。產品成本與業績會因為分攤標準的不同而改變。

——這麼計算的結果是，Hanna有一億圓的經常利益，如表中所示。
只要知道這一點，就很足夠了吧。

無論基於什麼理由，
都不可能有毫無目的的支出。

我固然不懂困難的會計理論……
但田丸先生，你做出來的品牌別損益表，使用的人是我，
而我無法接受這樣的毛利。
!!
那麼，社長的意思是，要怎麼計算品牌別的損益呢？
我希望你把製造、銷售與管理中所有的實際費用分攤到三項品牌中。
而且數字要盡可能正確。
請你徹底把費用的詳細發生狀況弄得清楚一些。
由紀小姐……變得愈來愈有社長的樣子了呢！

我認為，
任何費用都一樣是為了
三個品牌中的任一個。
當然，會計部或總務部也有
各種【部門費用】……
因為這些部門的工作在於
提供三個品牌共通的服務，
因此很難正確分攤下去。
但一定還是有合理的分攤方式才對。

——例如，總務部門的
費用依各品牌的員工人
數分攤……
會計部的費用
依各品牌製作會計資料
所花的時間分攤之類的。
只要照這樣的標準來分攤，
負擔費用的那一方，應該
也能夠接受才是……
而且這不是什麼會計理論
的問題，而是負擔的那一
方能否認同的問題。

用語解說

【部門費用】

所謂的部門，是指為按照功能別或責任區的不同而分別管理費用（成本）的發生，而分類匯集費用（成本）的做法。按照部門別加總起來的費用稱為部門費用。很多公司都以組織上的部或課作為部門。

而且……看再多次……
都會覺得田丸先生做出來的會計資料很沒有生氣，沒有什麼訴求在……
就好像只是套用到沒有意義的數學式中算出來的結果，當成是「正確的東西」而已……

……
田丸先生！
我打個比方，童裝品牌看起來是有賺錢的。
確實，童裝可以少用一些布料，但是到商品化為止，所花的工夫與大人的服裝一樣。
……
——而且，客戶多半都是以少數幾件為單位下單，出貨的運費比其他品牌還少。
……

我現在說的是童裝品牌所帶有的特性之一。
我希望你能夠把這樣的實際狀態在會計資訊中呈現出來。
即使這樣的論點有違會計理論也沒關係……
不，如果我的要求是錯的，回過頭來應該是會計理論有問題!!
社長……
我不了解妳這番話的意思
妳可以更具體地說明自己的想法嗎？

由紀的想法是，
應該從品牌別的產品銷貨金額中扣除的費用，包括用於製造該品牌服飾的布料、附屬配件的材料費，以及服裝的設計、剪裁與縫製所花的費用，
再加上打版製作費、裁布機的維修費、產品庫存的保管費、出貨的運費、業務部員工的人事費、回扣費，
以及交際費等實際使用的所有費用。
HANNA
因此，她希望會計部能夠盡可能正確地依各品牌別加總所有費用，據以製作品牌別損益表。
確實……或許也有那樣的想法存在。
但如果真的要做到這一點，相當辛苦唷！

希望你們能夠算出真正的利潤數字。
真正的數字呀……
我知道了。
雖然我並不覺得這樣的作業有什麼意義……那我就請剛進公司不久的員工做看看吧……
新進員工？
田丸先生，把這麼重要的事交給新人，不太好吧。
不……
進入 Hanna 的這個女生很有熱情，希望能夠在工作上活用自己在大學中學到的管理會計知識。
請趕快進行作業吧。

叩叩
社長室
打擾了
吞口水…
田丸主任和妳說損益表的事了吧？
忐忑
忐忑
是的！他交代我了！
忐忑
忐忑
忐忑
忐忑
Hanna 新進員工
木村真奈美

請妳絕對不要妥協!!!
是、是!!
我知道了!!!
還有……我想問問木村小姐的意見，可以嗎？
是！當然可以。
——說真的，我並不相信會計部給我的資料……
妳有什麼看法？
我……我也覺得這家公司的會計數字有扭曲之處……
再把妳的想法更詳細地講給我聽!!!

田丸部長雖曾說，分攤的計算愈是複雜，產品成本就會變得愈正確，但我並不認同他的作法……
而且，銷售費和管理費也沒有分到各品牌去……
我覺得這樣子無法得知各品牌真正的盈虧狀況。
太好了!!!其他人應該也對會計部計算出來的會計數值感覺到疑惑吧!!
不……不，社長……大多數的幹部與員工，都深信會計部做出來的資料是正確的。
會計製作出來的數字絕對正確。
由錯誤的會計資訊獨占鰲頭……
這種狀況非得趕快設法處理不可……

木村小姐……
希望妳做出任何人都不會感到迷惑的損益表!!
是……
是的……
我知道了！
發抖～
——從那天起
真奈美在結束日常業務後，每天都持續製作品牌別損益表到很晚。
木村小姐
妳的工作是製作傳票，無聊的工作隨便做做就行了。
無視之，無視之。
木村小姐，泡茶！
……
木村小姐，影印！
……
木村小姐！
請不要打擾我!!

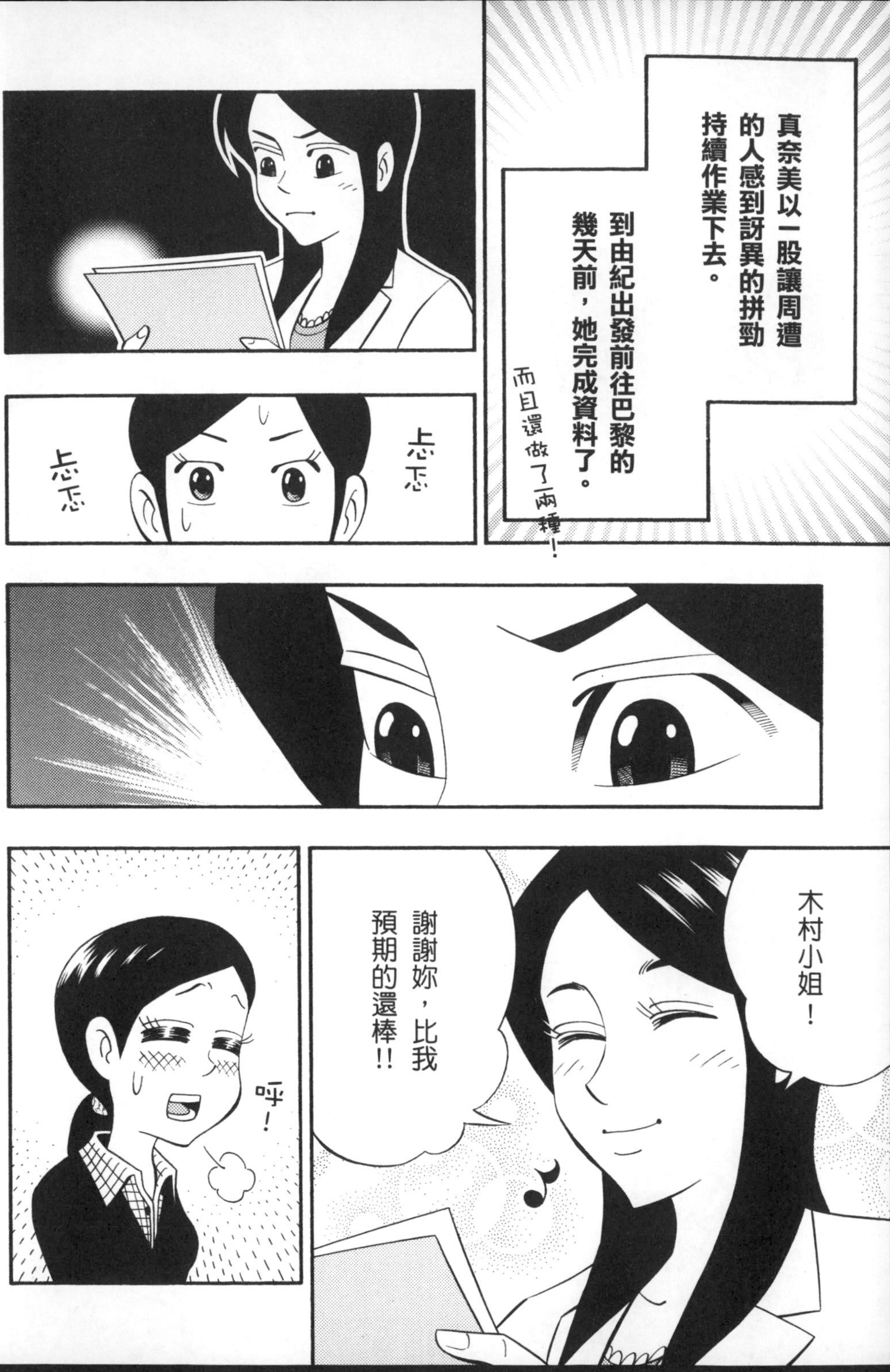

真奈美以一股讓周遭
的人感到訝異的拼勁
持續作業下去。
到由紀出發前往巴黎的
幾天前，她完成資料了。
而且還做了兩種！
忐忑
忐忑
木村小姐！
謝謝妳，比我
預期的還棒!!
呼！

巴黎的星星凱旋門

法國——巴黎香榭大道
這次相約的地點是知名的LV!!
瞠目——結舌
忐忑
忐忑
盯……
呃
看門的保全？
慌張離開……
表情真是可怕……

哇～
哇～
喧囂吵雜
好漂亮～
有找到自己喜歡的包包？
！
安曇老師！
這個包包適合我嗎？
高價
……
妳打算買嗎？
……嗚
對我來說太貴了！

全球最美的都市

消沉沒精神……
無精打采
由紀小姐
？
那就是星星凱旋門。
一八〇六年……在拿破崙的命令下開始興建，於一八三六年完成，因此剛好是江戶末期呢！
真……
真有震撼力!!
可以爬到上面去嗎？
當然可以！我們用走的上去看看吧！

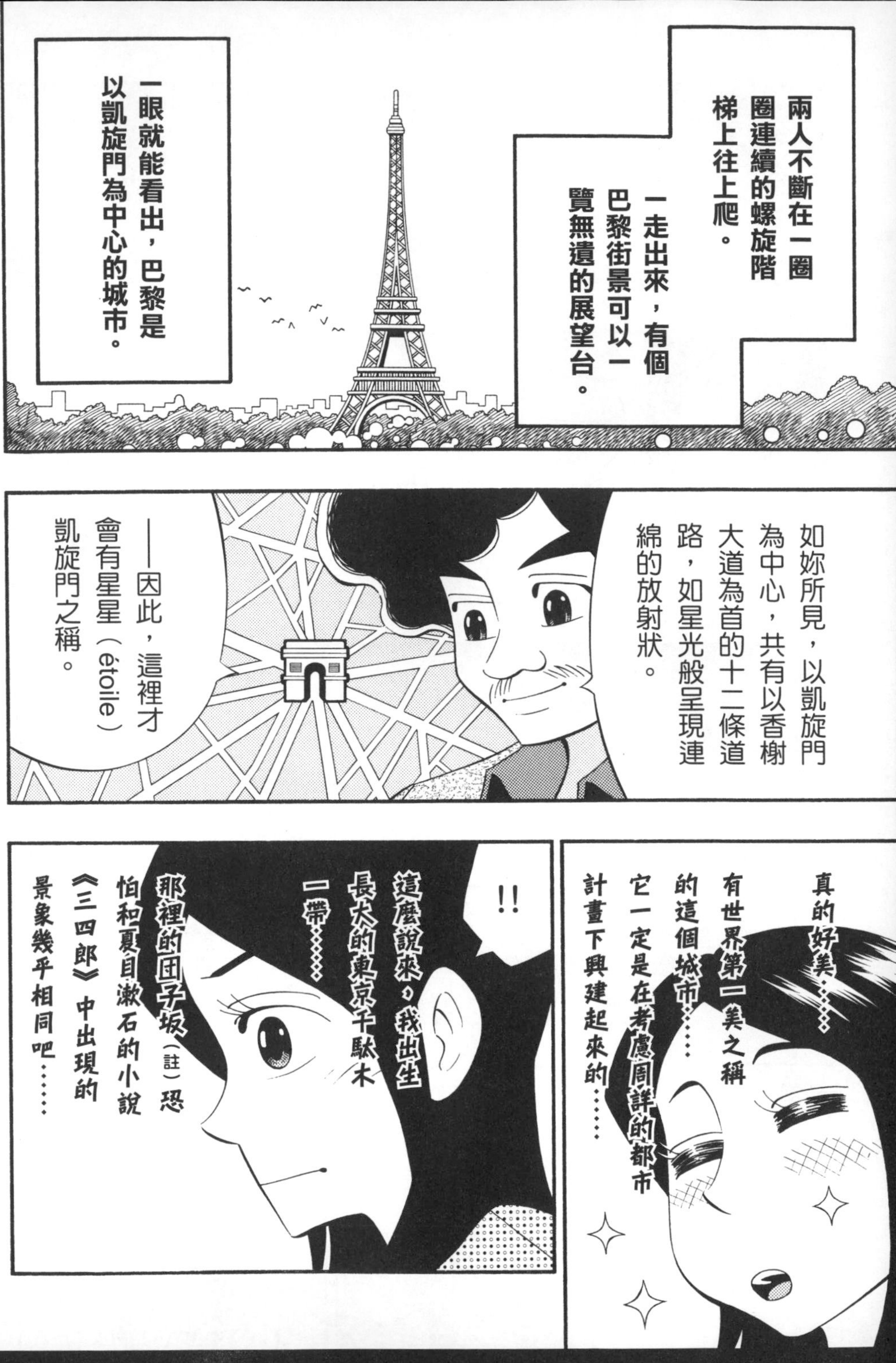
兩人不斷在一圈圈連續的螺旋階梯上往上爬。
一走出來，有個巴黎街景可以一覽無遺的展望台。
一眼就能看出，巴黎是以凱旋門為中心的城市。
如妳所見，以凱旋門為中心，共有以香榭大道為首的十二條道路，如星光般呈現連綿的放射狀。
——因此，這裡才會有星星（étoile）凱旋門之稱。
真的好美……
有世界第一美之稱的這個城市……
它一定是在考慮周詳的都市計畫下興建起來的……
!!
這麼說來，我出生長大的東京千駄木一帶……
那裡的団子坂（註）恐怕和夏目漱石的小說《三四郎》中出現的景象幾乎相同吧……

譯註：從東京都文京區千駄木通往上野的斜坡。

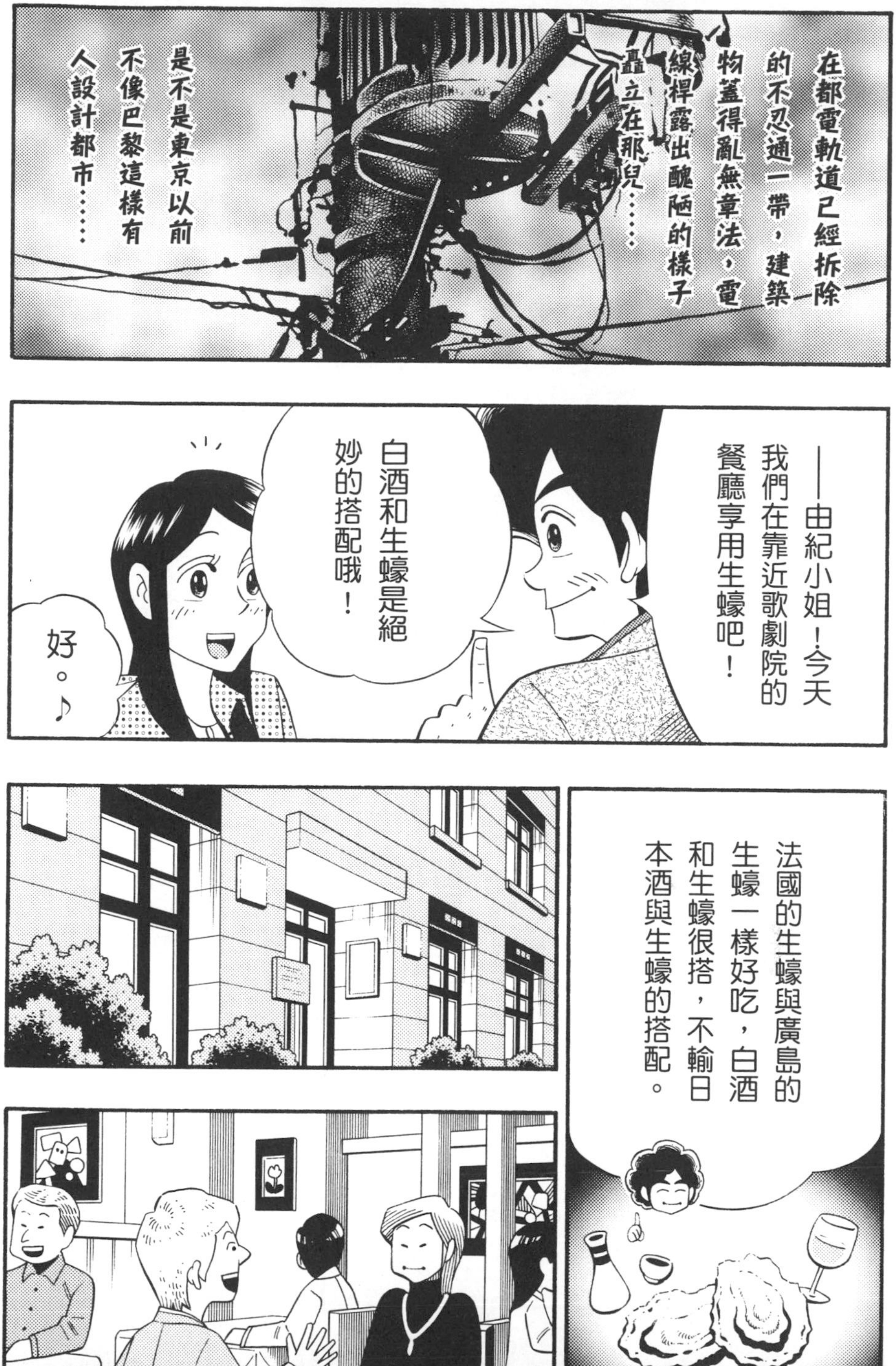
在都電軌道已經拆除的不忍通一帶，建築物蓋得亂無章法，電線桿露出醜陋的樣子矗立在那兒……
是不是東京以前不像巴黎這樣有人設計都市……
——由紀小姐！今天我們在靠近歌劇院的餐廳享用生蠔吧！
白酒和生蠔是絕妙的搭配哦！
好。♪
法國的生蠔與廣島的生蠔一樣好吃，白酒和生蠔很搭，不輸日本酒與生蠔的搭配。

生蠔與白酒都不便宜……
但我會開開心心掏錢享用，
妳知道是為什麼嗎？
!?
因為我感到很滿足呀！
我買的不是東西，而是滿足。
買滿足？
消費者付錢是針對「效用與滿足」，這一點即便不特別去學個體經濟學，任何人也都知道。

現在我來問妳……社會上到處都有像妳們公司那樣，運轉情形讓人無法滿足的電腦在出狀況……
那是為什麼呢？
……
不知道!!
……
這是因為，這些人只因為自己買了高規格的電腦或知名ERP套裝軟體等物品就感到滿足了。
那不就等於在講我嗎!!
妳聽好……對經營者而言，所謂的滿足應該是ERP系統傳遞給妳的資訊、月財務報表的提早出爐，或是間接部門的員工人數因而減少等成果。
決非東西本身！
是!!

然而妳所推動的ERP系統卻沒有提供必要的資訊。
恐怕它的回應時間很慢，間接部門費用也增加了。
……!!
畢竟還是得像唐澤先生講的那樣，必須從零開始重新打造嗎？
由紀小姐……
站在星星凱旋門的屋頂時，妳有什麼感覺？
我覺得……
巴黎的街道應該是在完善的基礎計畫支持下興建起來的。
沒錯！由於基礎計畫紮實，都市整體既簡約又美麗。
ERP系統也一樣，一開始若能明確決定建構系統的目的……也就是想要做到的事，它的構造就會變得簡約而美麗。

話說回來這生蠔還真好吃呀！
現在這個時候我沒有食慾……
明明塞得滿嘴都是
對了……如果興建街道時，沒有明確的目的，會發生什麼樣的事呢？
!!
會變得像Hanna那樣!!
沒錯！街道的打造與系統的打造，觀念都是一樣的。
重要的是，一開始要明確決定想實現的目的！
拿破崙不必知道土木建築的專業知識，妳一樣也不需要電腦的專業知識。
身為公司的最高負責人，重要的是妳要向全體員工傳達「希望實現的目標」。
勇氣增加了！
燃燒～
燃燒～

——之前我也講過，就是因為沒有妳的指示，第一線才會混亂。
就是因為公司本身的方針不明確，業務部、製造部、採購部、會計部及其他所有部門，才會想要把自己的要求加諸ERP系統之上……
其結果是電腦系統因而膨脹，不但部門間的整合性受損，回應時間變慢，也很不好操作，變成一個沒有用處的系統。
……畢竟還是只能整個重做啊……
沒有這個必要！
這個城市也不是一開始就像現在這樣美麗的。
在那之前，巴黎不過是個沒有秩序的普通都市而已。
但拿破崙三世並沒有因為如此，就破壞一切，從零開始打造巴黎。
!!?
那到底是……

拿破崙三世只留下應該保留的部分，把留存下來的建築與道路連結起來。
並且完成將廣場與廣場間以直線聯繫起來的正式下水道，對道路兩旁的建築物設置規範，重新將巴黎打造為美麗的都市。
只留下應該保留的部分，其他的破壞……!!
妳們公司也一樣唷！
只要妳能夠取得自己需要的最低限度的資訊，基本業務資料也能整合在一起的話，不就很足夠了嗎？
也就是說!!
以簡約為目標就對了!!!

三品牌的盈虧

圖1　田丸所製作的品牌別損益表

單位：億圓

	女裝	童裝	休閒服	合計
銷貨收入	50	30	20	100
標準銷貨成本	35	17	10	62
毛利	15	13	10	38
成本差異	–0.5	–1.5	–	–2
實際毛利	14.5	11.5	10	36
毛利率	29%	38%	50%	36%
管銷費用				33
營業利益				3
利息費用				2
經常利益				1

——這是依照田丸主任的想法製作出來的品牌別損益表。

……

圖 2　真奈美所製作的品牌別損益表

單位：億圓

	女裝	童裝	休閒服	合計
銷貨收入	50	30	20	100
標準銷貨成本	35	17	10	62
毛利	15	13	10	38
成本差異	–0.5	–1.5	–	–2
實際毛利	14.5	11.5	10	36
毛利率	29%	38%	50%	36%
人事費用	3.5	4	2.5	10
促銷費用	1.5	2.5	1.5	5.5
出貨運費	2	3	1	6
差旅費	1.2	1.2	0.6	3
土地房屋租金	2.5	1.5	0.5	4.5
銷貨損失	1	1	2	4
管銷費用 總計	11.7	13.2	8.1	33
營業利益	2.8	–1.7	1.9	3
利息費用	1	0.5	0.5	2
經常利益	1.8	–2.2	1.4	1
折舊費用	0.5	0.2	0.1	0.8
庫存增加	–0.1	1	2	2.9
應收帳款增加	0.2	0.7	1	1.9
應付帳款增加	0	1	0	1.0
營業現金流量	2.2	–2.7	–1.5	–2.0

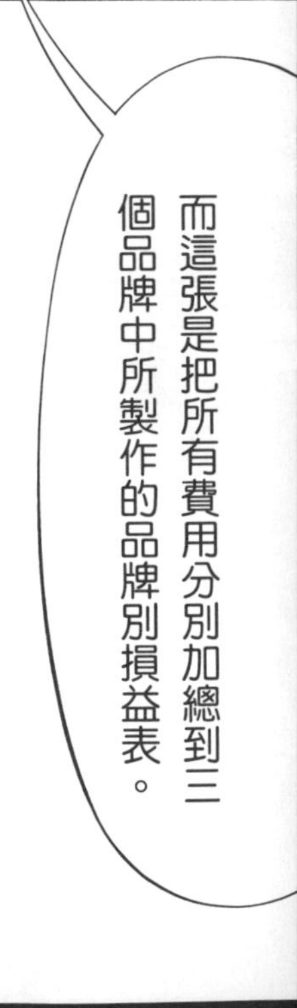

而這張是把所有費用分別加總到三個品牌中所製作的品牌別損益表。

編註：經常項目下的利潤，不包含當期臨時發生的利潤或虧損（如變賣固定資產獲得的收益或損失）。

……把所有費用這樣加總起來……

真的做得很不錯呢！

真奈美小姐

謝謝!!

看了這個，妳了解什麼了嗎？

是！結果是相反的!!

在至今為止的品牌別損益表中，毛利率最高的品牌是休閒服飾……

然後童裝的毛利率是第二高。

大家都以為，只要這兩個品牌的營收增加，公司整體的毛利也會增加。

然而，真奈美所製作的把所有費用依品牌別分別計算的結果，卻完全不同……

以經常利益（註）而言，休閒服是1.4億圓，女裝是1.8億圓，而童裝竟然虧損2.2億圓。

銷售費與管理費等共通費用，是怎麼分成三個品牌的？
仔細從發票或請款單中收集資料而來的！
——例如，上面印有三個品牌產品的DM（Direct Mail）印刷費，過去一向都列為共通費用。
從工廠出貨到物流倉庫的出貨運費，由於女裝與童裝混在一起，過去運費也當成共通費用。
此外，拍賣會中無論原本屬於哪個品牌，滯銷品都混在一起放在花車上以低於成本的價格銷售。
再來，拍賣會的滯銷品就焚化處理……
——這麼一來，要依照品牌別計算銷貨損失、處分損失，就很困難。
但是，銷貨損失與處分損失並不是共通費用，也應該依品牌別分別計算。

也就是說!!一旦當成共通費用來處理，將會看不出品牌別的盈虧狀況。
——真奈美依照刊登在印刷品上的物件數或面積的比例，計算了各品牌的分攤金額。
接著又根據運費請款單的明細與拍賣會的收銀資料等等，把共通費用分解到三個品牌中重新計算；這種讓人招架不住的繁瑣作業，她每天都加班做到很晚。
當然，也還有管理全公司的經理人的人事費用，或是會計部、總務部的費用，利息費用等貨真價實的共通費用……
我認為，這些費用一定也存在著能夠分攤到各品牌中的合理標準。

會計部的費用就根據會計資料的數量，資訊系統部的費用根據資料量，人事部的費用根據員工人數……利息費用根據借款金額，分別分攤到不同品牌中。

圖2　真奈美所製作的品牌別損益表

單位：億圓

	女裝	童裝	休閒服	合計
銷貨收入	50	30	20	100
標準銷貨成本	35	17	10	62
毛利	15	13	10	38
成本差異	–0.5	–1.5	–	–2
實際毛利	14.5	11.5	10	36
毛利率	29%	38%	50%	36%
人事費用	3.5	4	2.5	10
促銷費用	1.5	2.5	1.5	5.5
出貨運費	2	3	1	6
差旅費	1.2	1.2	0.6	3
土地房屋租金	2.5	1.5	0.5	4.5
銷貨損失	1	1	2	4
管銷費用 總計	11.7	13.2	8.1	33
營業利益	2.8	–1.7	1.9	3
利息費用	1	0.5	0.5	2
經常利益	1.8	–2.2	1.4	1
折舊費用	0.5	0.2	0.1	0.8
庫存增加	–0.1	1	2	2.9
應收帳款增加	0.2	0.7	1	1.9
應付帳款增加	0	1	0	1.0
營業現金流量	2.2	–2.7	–1.5	–2.0

其結果如同前面提到的第二張（圖2）品牌別損益表一樣。

而這是真奈美所製作的另一種品牌別損益表。

圖3　加上邊際貢獻後的品牌別損益表

單位：億圓

		女裝	童裝	休閒服	合計
銷貨收入		50	30	20	100
標準銷貨成本		35	17	10	62
毛利		15	13	10	38
成本差異		–0.5	–1.5	–	–2
實際毛利		14.5	11.5	10	36
毛利率		29%	38%	50%	36%
直接銷售費用	人事費用	1.5	2	0.5	4
	促銷費用	1.5	2.5	1.5	5.5
	出貨運費	2	3	1	6
	差旅費	1	1	0.5	2.5
	土地房屋租金	2.5	1.5	0.5	4.5
	小計	8.5	10	4	22.5
邊際貢獻		6	1.5	6	13.5
其他管銷費用	人事費用	2	2	2	6
	差旅費	0.2	0.2	0.1	0.5
	銷貨損失	1	1	2	4
	小計	3.2	3.2	4.1	10.5
管銷費用合計		11.7	13.2	8.1	33
營業利益		2.8	–1.7	1.9	3
利息費用		1	0.5	0.5	2
經常利益		1.8	–2.2	1.4	1
折舊費用		0.5	0.2	0.1	0.8
營運資本變動	庫存增加	–0.1	1	2	2.9
	應收帳款增加	0.2	0.7	1	1.9
	應付帳款增加	0	1	0	1.0
營業現金流量		2.2	–2.7	–1.5	–2.0

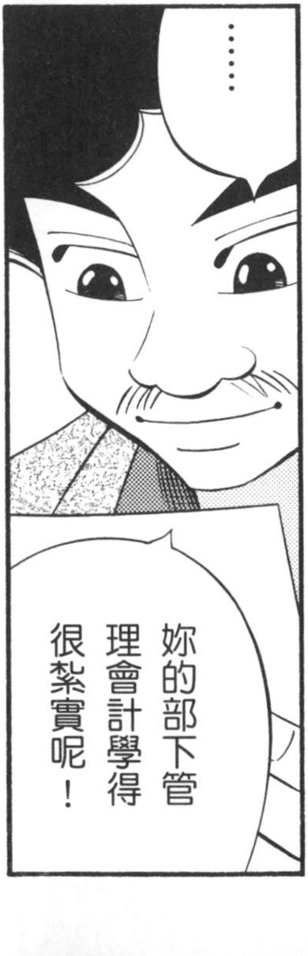

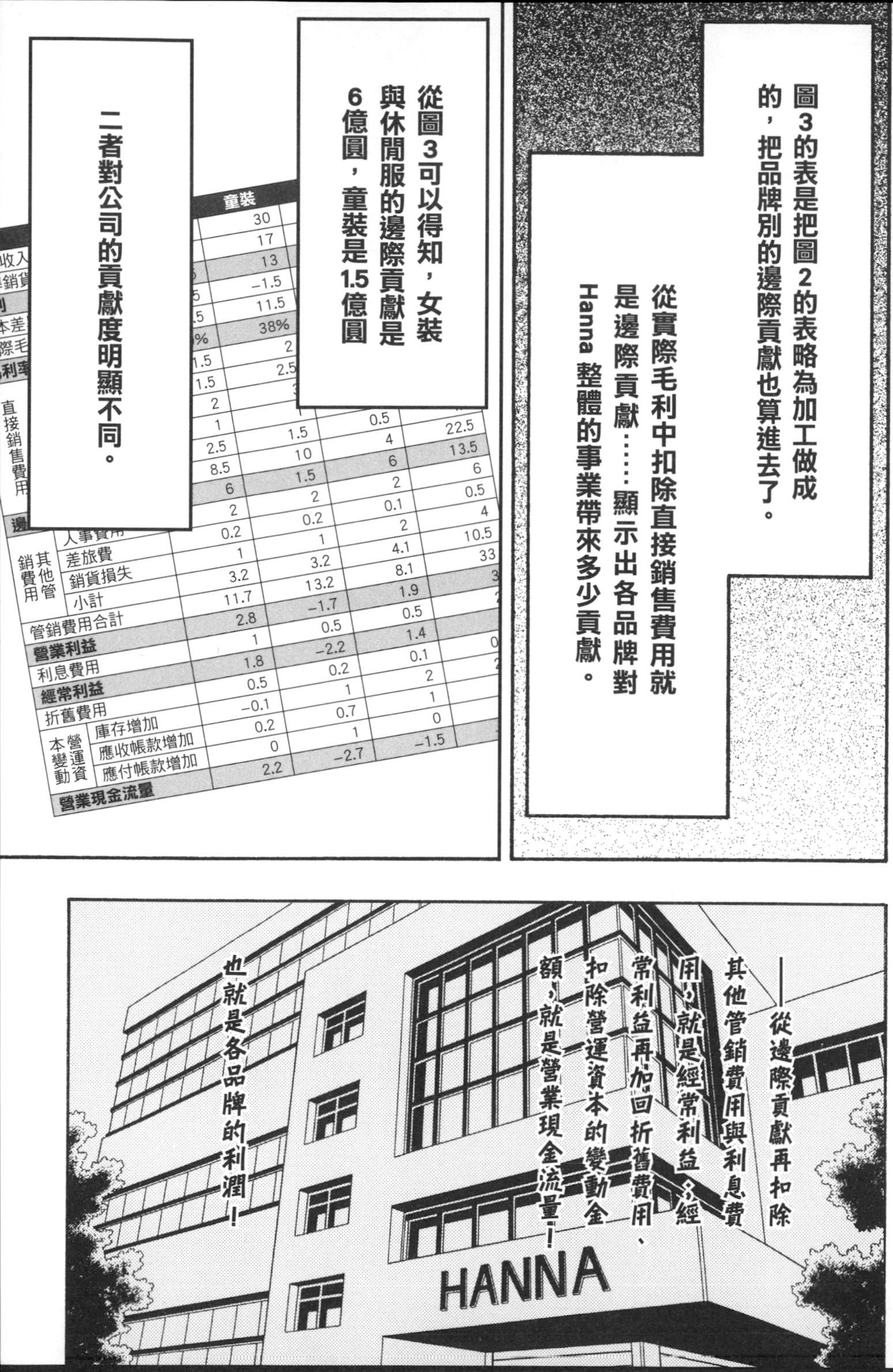
圖3的表是把圖2的表略為加工做成的，把品牌別的邊際貢獻也算進去了。
從實際毛利中扣除直接銷售費用就是邊際貢獻……顯示出各品牌對Hanna整體的事業帶來多少貢獻。
從圖3可以得知，女裝與休閒服的邊際貢獻是6億圓，童裝是1.5億圓
二者對公司的貢獻度明顯不同。
童裝
直接銷售費用
其他管銷費用
人事費用
差旅費
銷貨損失
小計
管銷費用合計
營業利益
利息費用
經常利益
折舊費用
營運資本變動
庫存增加
應收帳款增加
應付帳款增加
營業現金流量
——從邊際貢獻再扣除其他管銷費用與利息費用，就是經常利益，經常利益再加回折舊費用、扣除營運資本的變動金額，就是營業現金流量！
也就是各品牌的利潤！
HANNA

結論——可以得知休閒服的營業現金流量是1.5億圓的虧損，
而童裝的營業現金流量也有2.7億圓的虧損，
也就是說，休閒服與童裝都沒有賺錢。
其中，女裝的營業現金流量有2.2億圓，是三個品牌中最多的。
……
但我還是有不懂的地方……
老師……對於真奈美小姐的這兩張資料我有疑問……明明導入ERP系統，為何庫存與應收帳款增加了呢……
為什麼童裝的促銷費用與出貨運費比較多呢……？

用語解說

【二八法則】

由經濟學家帕列托（Pareto）提出的法則：社會整體的財富有百分之八十集中在百分之二十的人身上。現在用於表示「整體的百分之二十支配整體的百分之八十」之意。

八十……
二十?!
英國的中華料理最棒了！現在已經開始期待囉。
八十比二十……
八十比二十?!
根本沒在聽

安曇教授的解說園地

【邊際貢獻】

在美國的管理會計教科書中，銷貨成本減掉變動成本的利潤，稱為**邊際貢獻**（也稱**邊際利潤**）。這是指從銷貨收入中扣除變動成本所得到的利潤，對於**【固定成本】**的回收以及創造營業利益有所貢獻。在日本，邊際貢獻有別於**【邊際利潤】**，也用於以下兩種意義。

用語解說

【固定成本】

無關銷貨收入之增減，固定發生的費用。

【邊際利潤】

從銷貨收入扣除變動成本就是邊際利潤。**變動成本是指隨銷貨收入的增減而增減的成本。**

1 毛利扣除直接銷售費後的利潤

邊際貢獻代表營業（部門或負責人）對於回收間接銷售費用、一般管理費用，以及創造營業利益的貢獻，是評鑑業務成果的最合理標準。

第148頁的圖表④中，可以看出C先生的銷貨收入最多，但邊際貢獻其實最少。

其原因在於毛利率太低、直接銷售費用太高。可能是因為營業活動中仰賴打折或促銷所導致。

圖表④邊際貢獻表

單位：萬圓

	A先生	B先生	C先生	業務部合計
銷貨收入	5,000	6,000	7,500	18,500
銷貨成本	3,250	4,200	5,625	13,075
毛利	1,750	1,800	1,875	5,425
直接銷售費用	1,000	1,250	1,500	3,750
邊際貢獻	750	550	375	1,675
間接銷售費用	–	–	–	600
一般管理費	–	–	–	850
營業利益	–	–	–	225
毛利率	35%	30%	25%	29%

銷貨收入最多，但……

邊際貢獻最少！

圖表⑤邊際貢獻表

單位：萬圓

	女裝	童裝	休閒服	合計
銷貨收入	18,000	15,000	20,000	53,000
變動成本	7,200	11,250	7,000	25,450
邊際利潤	10,800	3,750	13,000	27,550
個別固定成本	3,500	4,000	8,000	15,500
邊際貢獻	7,300	–250	5,000	12,050
共通固定成本	–	–	–	5,000
營業利益	–	–	–	7,050

由於虧損250萬圓，如果收掉童裝事業，會有增加250萬圓利潤的效果

2 邊際利潤扣除個別固定成本後的利潤

個別固定成本是指經營活動中固有的固定成本；共通固定成本則是停止經營活動時仍會產生的成本。

圖表⑤是針對公司整體與事業部別（本書中是品牌別）製作的邊際貢獻表。

未來如果要決定是否要結束品牌事業，可以以它作為判斷標準。表中可以看出，如果終止童裝事業，營業利益可增加250萬圓。

共通固定成本大多是在會計部或人事部等部門產生的總公司成本。這些成本對各事業而言均屬共通而固定，也確實支援了各事業部的活

動。

在實務上，會使用銷貨成本比或員工人數，把總公司的成本分攤到各事業部去。然而，這種分攤方式大多時候並不合理。如本書所談到的，分攤總公司成本時最合理的標準是作業量（每人作業時間、資料件數、製作資料張數等等）。

就像各事業部委託外部公司協助會計事務或計算薪資一樣，總公司的成本，應該看成是把事業部的多種個別成本加總在一起。

第4章
一切都在二八法則的支配之下

～集中於重要事事項～

Hanna 幹部會議

有一些在導入ERP系統之前的問題大量出現。
?
怎麼回事呀？
市面上充斥著物流中心與直營店的產品。
——不光這樣，電腦中掌握的庫存數與實際庫存數不合。
搞不好是店長記錄時的錯誤，或是業務員當成樣品帶出去了……或者是被誰偷走了。
Hanna 業務部主任
真鍋 治

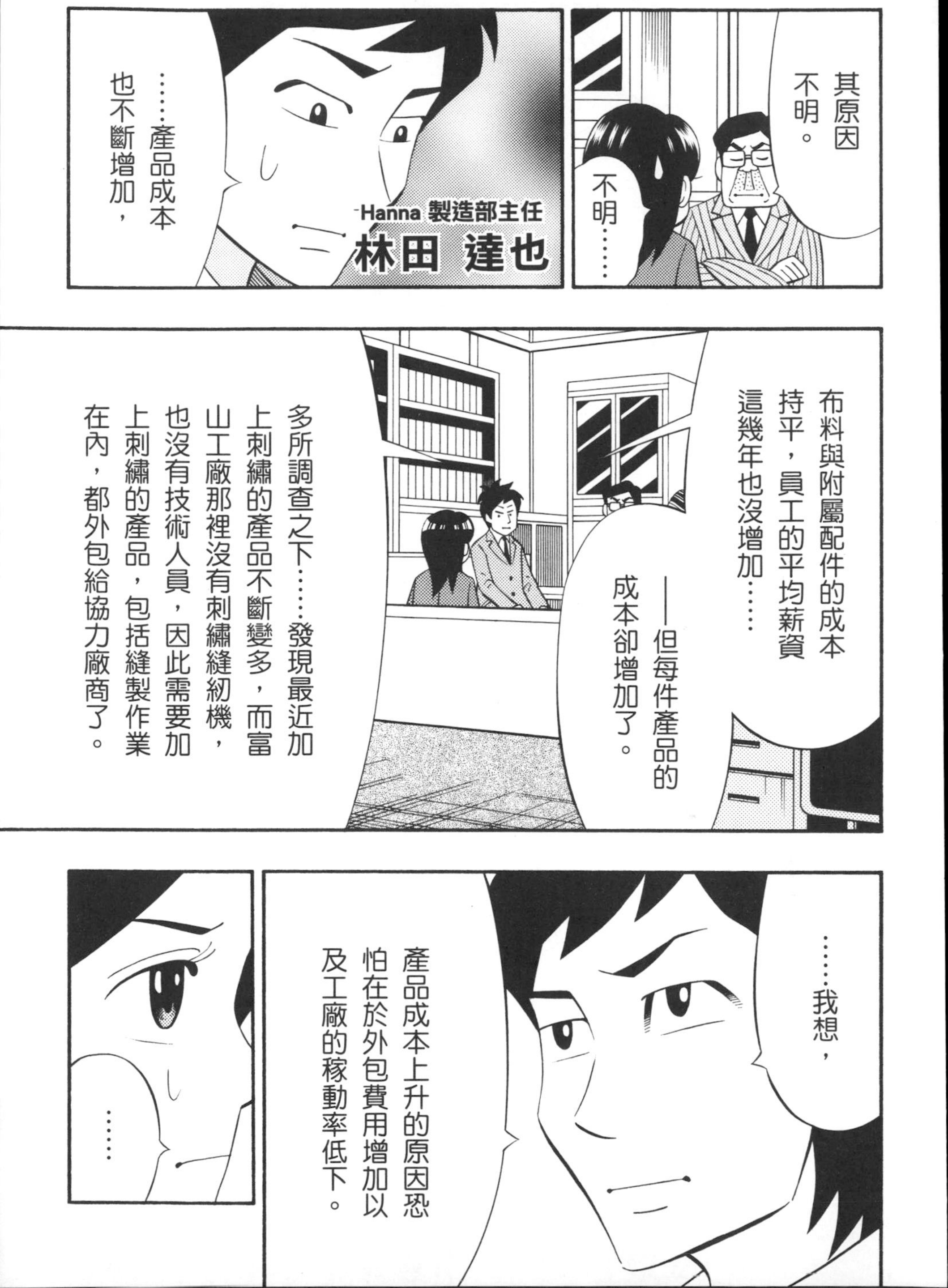

其原因不明。
不明……
……產品成本也不斷增加，
Hanna製造部主任
林田 達也
布料與附屬配件的成本持平，員工的平均薪資這幾年也沒增加……
——但每件產品的成本卻增加了。
多所調查之下……發現最近加上刺繡的產品不斷變多，而富山工廠那裡沒有刺繡縫紉機，也沒有技術人員，因此需要加上刺繡的產品，包括縫製作業在內，都外包給協力廠商了。
……我想，
產品成本上升的原因恐怕在於外包費用增加以及工廠的稼動率低下。
……

不過最近……
業務手法太超過的傢伙變多了呢！
Hanna 會計部主任
田丸 文二
只為了達成銷貨目標，就隨便亂打折的狀況增加了，而且貨款回收率也變差……
這樣下去，資金的調度情形應該會惡化。
為什麼要認同這種打折的做法？
妳問我、我也不知道啊！
因為那是業務部主任的工作！

倫敦的餐廳

倫敦——位於皮卡地里圓環的中華料理店。
英國的東西不好吃，已經是很久以前的事了。
China
這裡有法國、義大利的一流廚師彼此較勁廚藝，而且自過去以來英國的中華料理與印度料理就很好吃。
……
結果，Hanna似乎還是變回令尊那時候的體質去了呢！
是的。
正如安曇所說的……雖然曾經把債款還清過，現在向文京銀行的貸款又膨脹到了二十億圓。

在導入ERP系統前的借款是多少？
五億圓左右。
也就是說，剩下的十五億圓或多或少都是因為與ERP系統的導入有關而增加的。
是的……
——妳希望透過ERP系統實現什麼呢？
還有，妳期待會有多少的效果呢？
要實現那些目的，首先必須改革公司的結構！
！
改革結構……

我再重複一次，實現ERP並不等於導入ERP套裝軟體。
ERP套裝軟體能夠實現的只有資料的整合而已。
——因此，應該先執行的是為妳們公司建立不浪費「人力、物資與金錢」的機制！
ERP是一種整合人力、物資、金錢與資料，力求經營效率化的概念。
而為實現資料的整合，使用的是ERP的套裝軟體。
複習中
也就是說，即使完成ERP系統，也不過只是用於整合業務資料而已。

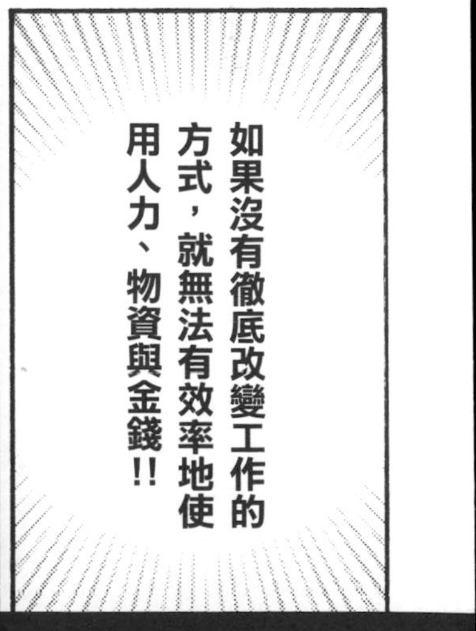
如果沒有徹底改變工作的方式，就無法有效率地使用人力、物資與金錢!!

導入ERP系統的目的與預期效果

目的

❶ 公司活動的可視化
❷ 消除童裝與休閒服的虧損（實現 5% 的最終利潤）
❸ 改善現金流量（兩年內回歸零貸款經營）

預期效果

❶ 藉由刪減產品成本提升毛利率（2 億圓）
❷ 減少總公司間接部門費用（1 億圓）
❸ 減少童裝與休閒服的出貨運費（1 億圓）
❹ 減少促銷費用（1 億圓）
❺ 減少童裝與休閒服的庫存（3 億圓）

鎖定重點

關於要實現ＥＲＰ就必須改革結構這一點，妳是否已經了解？
點頭
了解!!
那麼，接下來，
該由ＥＲＰ系統中取得什麼樣的資訊呢……？
——充滿浪費的公司……
二八法則
寫寫
寫寫
其銷貨收入的百分八十，來自於百分之二十的客戶以及百分之二十的產品。
由百分之二十的業務同仁取得百分之八十的新客戶。在百分之二十的生產線上生產所有產品的百分之八十。
……
……

──還有
20 vs 80
成本（費用）的百分之八十，會用在不產生價值的八成活動上。
也就是說，公司是浪費的集合體……
並不是所有的成本都對收益（銷貨收入）有所貢獻。
事實上……真正產生價值的費用，只占整體的百分之二十。
員工、產品與機械設備都用在浪費的活動上……這是因為資源的分配有問題。
因此，成果才會不如預期。
妳的公司就是這種狀況!!

花費成本卻得不到成果

資源的分配一旦有問題，所花費的成本就連結不到業績上。
也就是說，業績與成本並非永遠處於相對應的關係。
——以前我曾經說過，損益表就像溫度計一樣，沒錯吧？
是！
銷貨收入與成本（費用）是各別決定的……而且銷貨收入與費用未必有相對應的關係。
利潤不過是二者之間的差額而已。
我漸漸知道老師要講的是什麼了。

「經營資源」
也就是人力、時間或金錢，使用它們會產生成本……但花費成本也未必就能得到成果（利潤）。
應該減少不產生價值的活動，以及該活動所耗費的成本（人力、物資、金錢）。
HANNA
結構改革。
浪費的情形很多，表示工作太過複雜……
在導入ERP系統之前，該做的應該是把複雜的工作簡單化！
無謂的活動耗費掉太多成本。
花在簡單活動上的成本很少。
這次的專案之所以遲遲沒有進展的原因，就在這裡!!

現在——唐澤先生在推動的ERP系統功能太多，到底重點在哪裡並不明顯。
各部門有什麼要求他就照單全收，致使系統漫無目的地膨脹下去。
而且可能連一些無謂的業務項目都列入系統化範圍；如果這是事實的話，花再多的錢，都不會有成果……
HANNA
只有NFI會賺錢而已！
不過，北京烤鴨之美味，實在讓人讚不絕口呀！
大吃特吃
卡滋卡滋

由紀小姐……
現在我們來想想，妳們公司需要什麼樣的會計資訊吧！
好!!
首先是銷貨收入──
要找出帶來百分之八十銷貨收入的前百分之二十產品……相對的，也要鎖定最後百分之二十的失敗產品。
當然，光是這樣的資訊仍無法經營企業……
問題在於，前百分之二十的產品中所包含的「雖然暢銷，其實毛利率很差的產品」，以及在另外百分之六十的產品中包含的「不暢銷也不算失敗的產品」……
必須要決定如何處理這些產品。
點頭
是!!

暢銷但虧損的產品

——接著，
要決定如何處理雖然暢銷但是虧損的產品……
雖然銷售量大，但如果毛利率很低，仍然必須趕快動手處理……
視狀況而定，有時候甚至必須停止銷售。
……
老師……
實際上，真的可能大量銷售虧損產品嗎？
這種事可以說經常發生吧。
尤其是對業務員設定業績目標的公司。

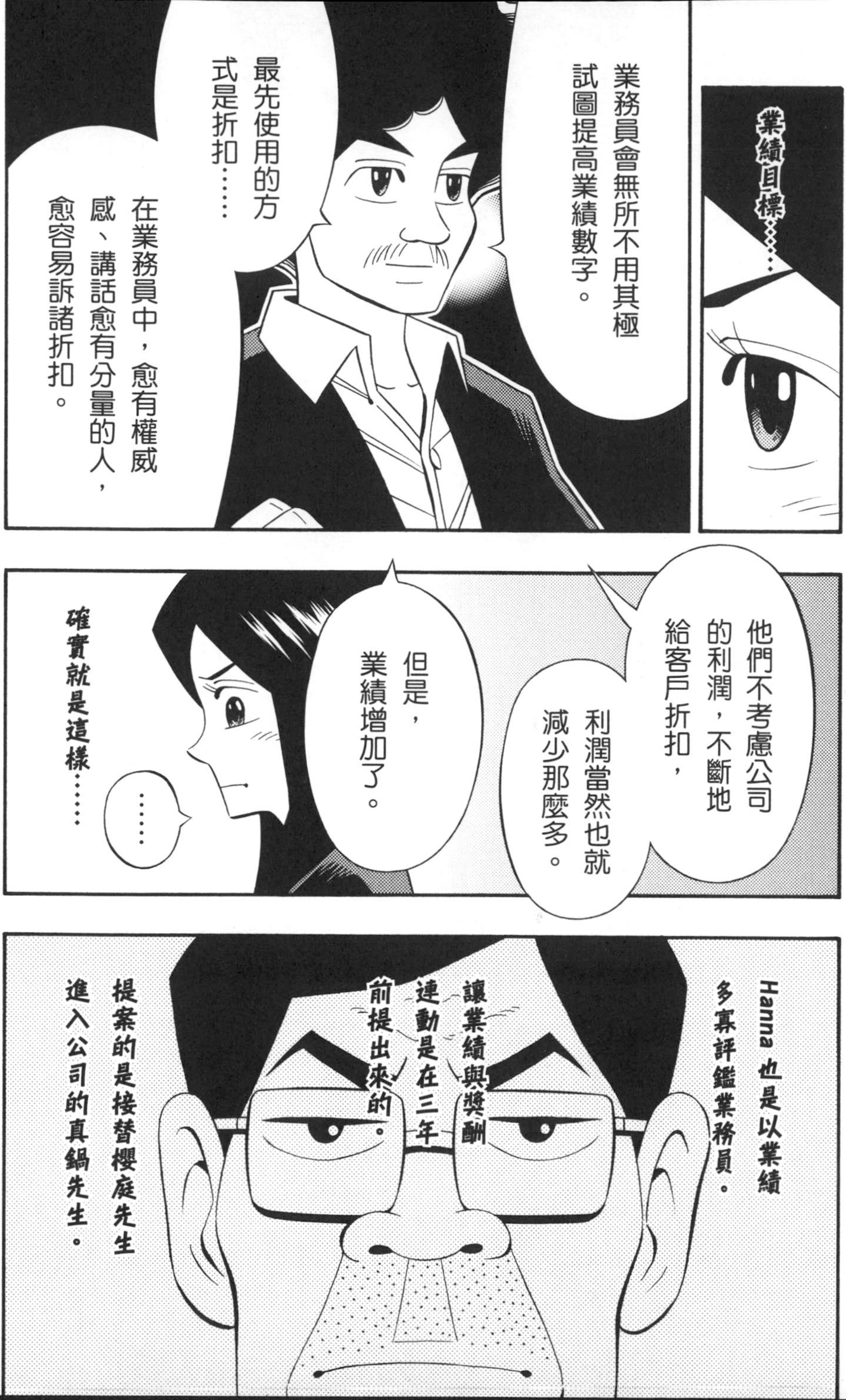

業績目標……
業務員會無所不用其極試圖提高業績數字。
最先使用的方式是折扣……
在業務員中，愈有權威感、講話愈有分量的人，愈容易訴諸折扣。
他們不考慮公司的利潤，不斷地給客戶折扣，
利潤當然也就減少那麼多。
但是，業績增加了。
……
確實就是這樣……
Hanna也是以業績多寡評鑑業務員。
讓業績與獎酬連動是在三年前提出來的。
提案的是接替櫻庭先生進入公司的真鍋先生。

順便一提，略有小聰明的業務員不會採用折扣的方式，而會使用促銷費。
如果回饋到客戶身上的金額比較多，有時候也會變成銷貨虧損。
——促銷費有不同的使用方式，
像是以現金的形式回饋一定金額……
或是免費提供銷貨收入的一定比例的公司產品給客戶等等。由於促銷費會當成銷售費用處理，毛利不會改變！
……
最近……業務手法太超過的傢伙變多了呢！
事實上……自從真鍋先生當上業務部主任以來，毛利雖然增加，營業利益卻沒有增加。
……

還有一點，
如果成本的計算有誤……
由於產品成本算得比實際成本低，有時候會把事實上已經賠錢賣的產品當成賺錢產品來賣。
!!
對於我們公司的休閒服，有一件事讓我很在意……
在越南生產的罩衫，無論有沒有加上刺繡，產品成本幾乎都一樣……
所以這一點也和Hanna的狀況吻合!!

不暢銷也不算失敗的產品

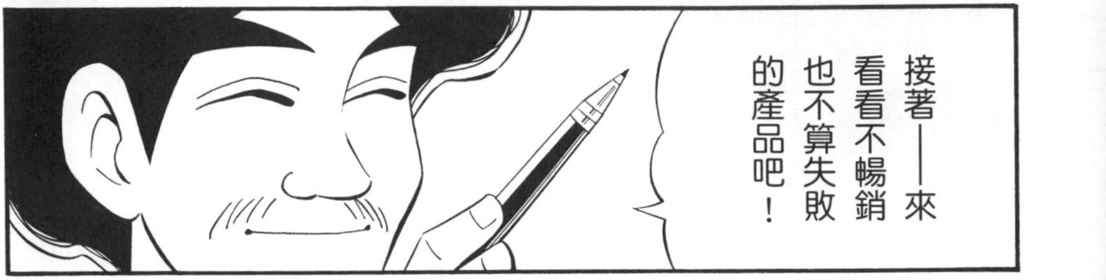

接著──來看看不暢銷也不算失敗的產品吧！

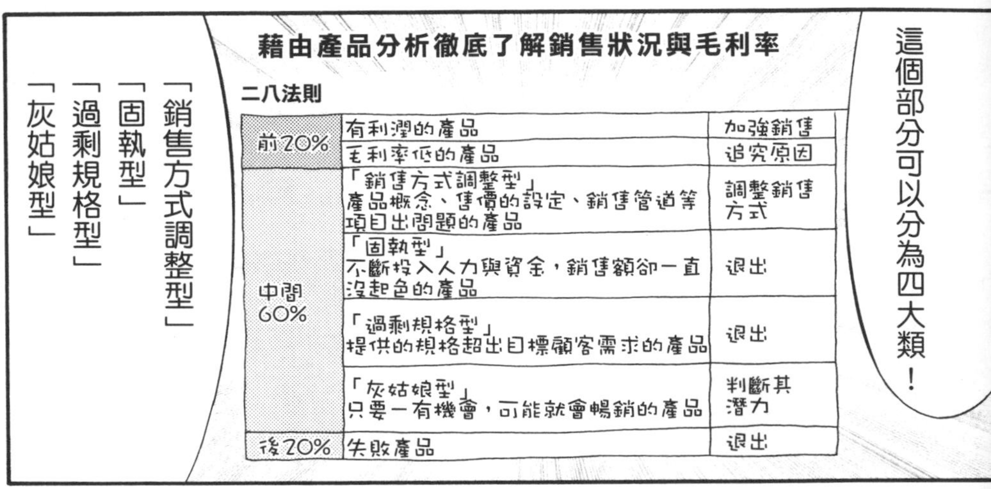

這個部分可以分為四大類！
藉由產品分析徹底了解銷售狀況與毛利率
二八法則
前20%
有利潤的產品
加強銷售
毛利率低的產品
追究原因
中間60%
「銷售方式調整型」產品概念、售價的設定、銷售管道等項目出問題的產品
調整銷售方式
「固執型」不斷投入人力與資金，銷售額卻一直沒起色的產品
退出
「過剩規格型」提供的規格超出目標顧客需求的產品
退出
「灰姑娘型」只要一有機會，可能就會暢銷的產品
判斷其潛力
後20%
失敗產品
退出
「銷售方式調整型」
「固執型」
「過剩規格型」
「灰姑娘型」

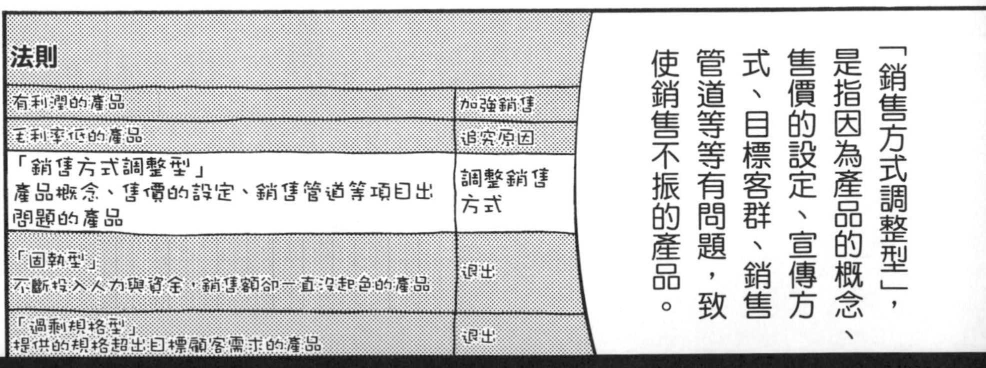

「銷售方式調整型」，是指因為產品的概念、售價的設定、宣傳方式、目標客群、銷售管道等等有問題，致使銷售不振的產品。
法則
有利潤的產品
加強銷售
毛利率低的產品
追究原因
「銷售方式調整型」產品概念、售價的設定、銷售管道等項目出問題的產品
調整銷售方式
「固執型」不斷投入人力與資金，銷售額卻一直沒起色的產品
退出
「過剩規格型」提供的規格超出目標顧客需求的產品
退出

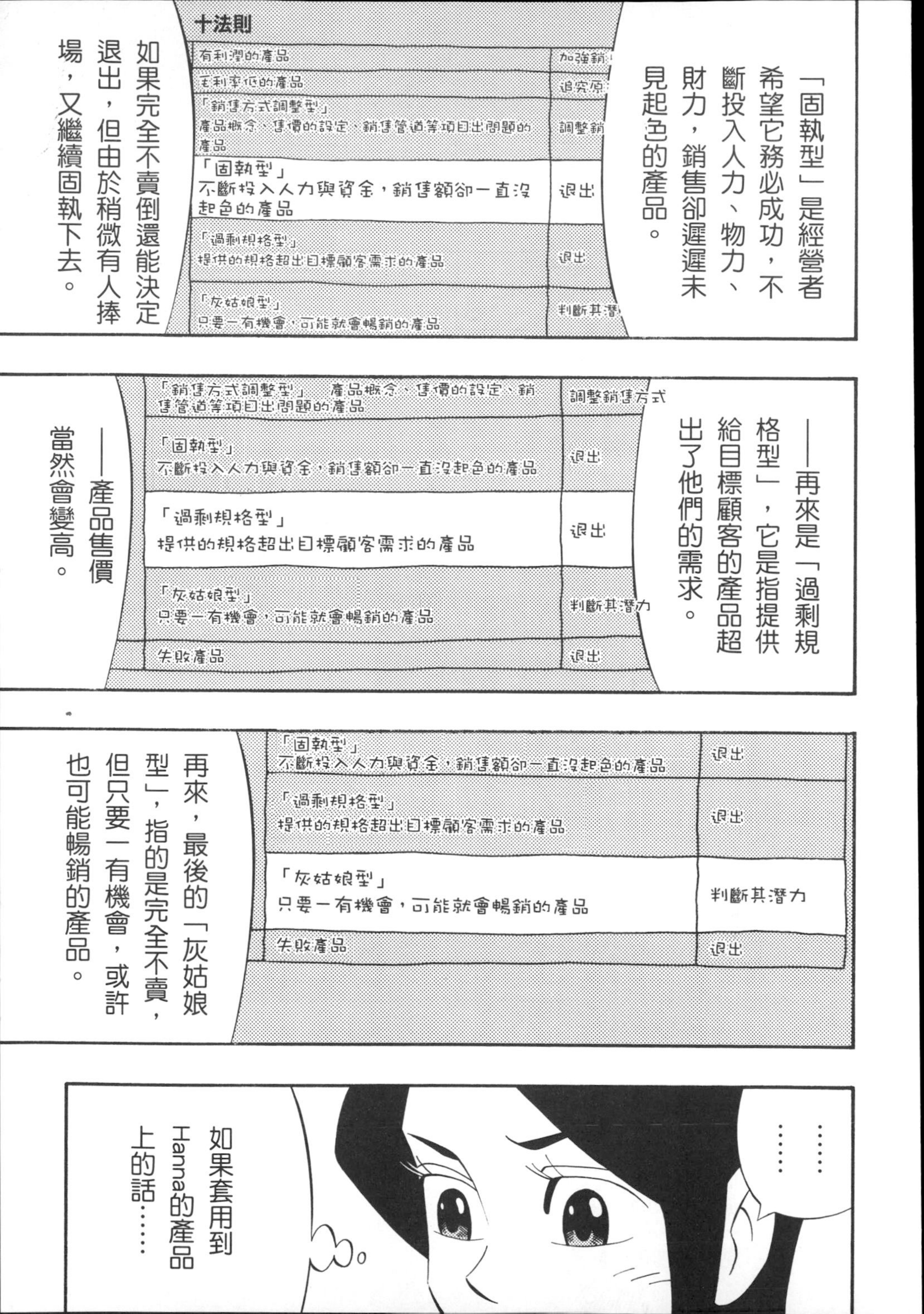
「固執型」是經營者希望它務必成功，不斷投入人力、物力、財力，銷售卻遲遲未見起色的產品。
十法則
有利潤的產品
加強銷
毛利率低的產品
追究原
「銷售方式調整型」
產品概念、售價的設定、銷售管道等項目出問題的產品
調整銷
「固執型」
不斷投入人力與資金，銷售額卻一直沒起色的產品
退出
「過剩規格型」
提供的規格超出目標顧客需求的產品
退出
「灰姑娘型」
只要一有機會，可能就會暢銷的產品
判斷其潛
如果完全不賣倒還能決定退出，但由於稍微有人捧場，又繼續固執下去。
──再來是「過剩規格型」，它是指提供給目標顧客的產品超出了他們的需求。
「銷售方式調整型」 產品概念、售價的設定、銷售管道等項目出問題的產品
調整銷售方式
「固執型」
不斷投入人力與資金，銷售額卻一直沒起色的產品
退出
「過剩規格型」
提供的規格超出目標顧客需求的產品
退出
「灰姑娘型」
只要一有機會，可能就會暢銷的產品
判斷其潛力
失敗產品
退出
──產品售價當然會變高。
再來，最後的「灰姑娘型」，指的是完全不賣，但只要一有機會，或許也可能暢銷的產品。
「固執型」
不斷投入人力與資金，銷售額卻一直沒起色的產品
退出
「過剩規格型」
提供的規格超出目標顧客需求的產品
退出
「灰姑娘型」
只要一有機會，可能就會暢銷的產品
判斷其潛力
失敗產品
退出
……
……
如果套用到Hanna的產品上的話……

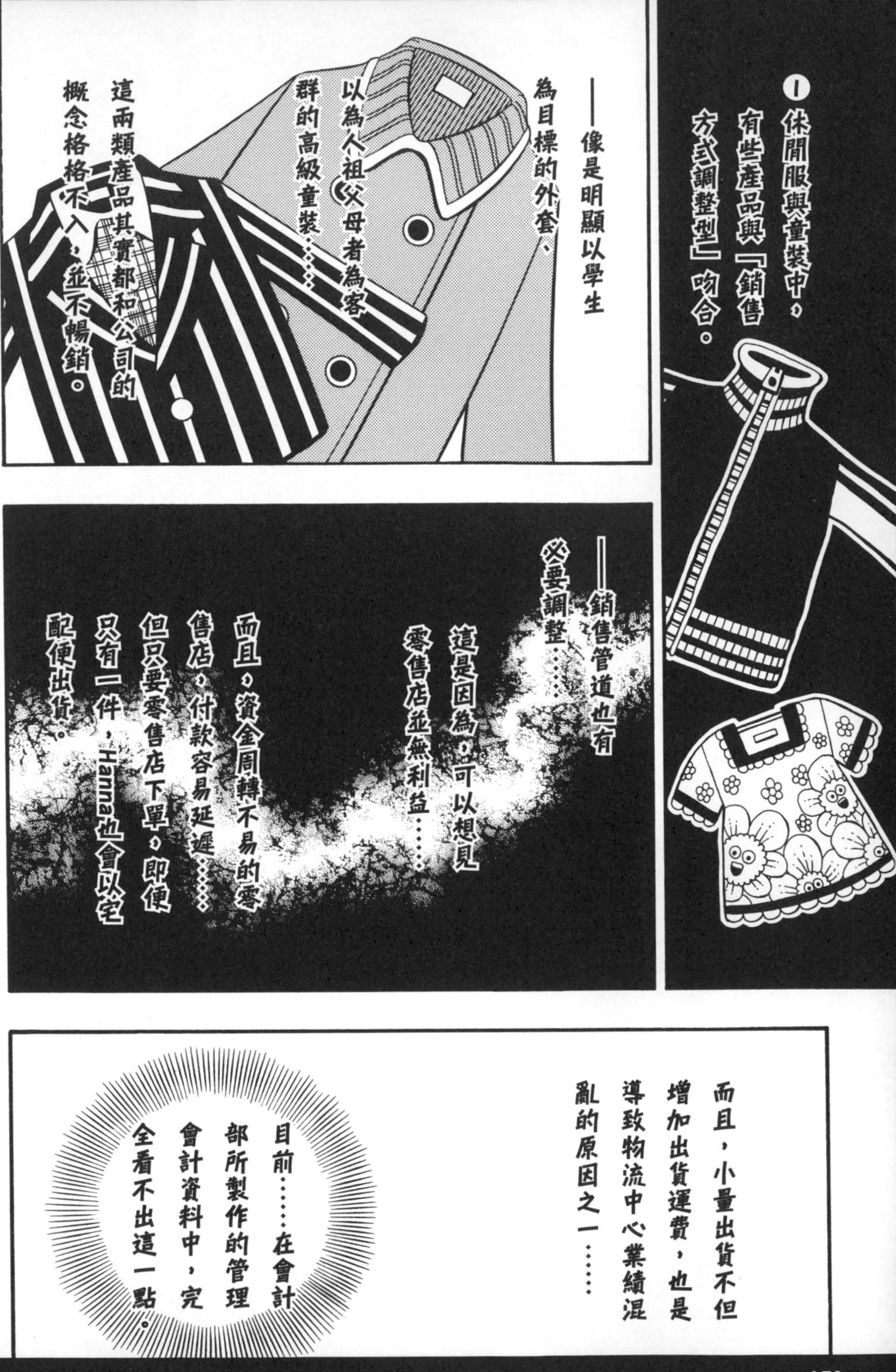
休閒服與童裝中，有些產品與『銷售方式調整型』吻合。
——像是明顯以學生為目標的外套、以為人祖父母者為客群的高級童裝……
這兩類產品其實都和公司的概念格格不入，並不暢銷。
——銷售管道也有必要調整……
這是因為，可以想見零售店並無利益……
而且，資金周轉不易的零售店，付款容易延遲……
但只要零售店下單，即便只有一件，Hanna也會以宅配便出貨。
而且，小量出貨不但增加出貨運費，也是導致物流中心業績混亂的原因之一……
目前……在會計部所製作的管理會計資料中，完全看不出這一點。

② 童裝品牌與
『固執型』吻合。
——其實我們的品項比其他品牌多，
但卻沒有呈現爆發性的暢銷……
即便如此，使童裝品牌
成為Hanna的事業支柱，
依然是我的夢想。
為實現這樣的夢想，我在
Hanna起用能力最強的設計師，
員工人數也比女裝還多……
……事實上，童裝的銷貨收入比女裝
還少，在真奈美的試算中呈現虧損……
原因就在於我的固執……
——同樣的，休閒服也
與『固執型』吻合……
由於我希望休閒服說什麼也要先損益兩平，
因此盡可能壓低來自越南工廠的進貨價格，
想讓日本這邊的利潤增加（因為進貨價格低
的話，價格就有競爭力）
——但事實上越南工廠的稼動率只有
50％左右、赤字連連，一直沒有改善。
在看休閒服品牌的盈虧時，不是光看
日本，也要把越南工廠包括在內，
但過去卻沒有從這樣的角度去看……

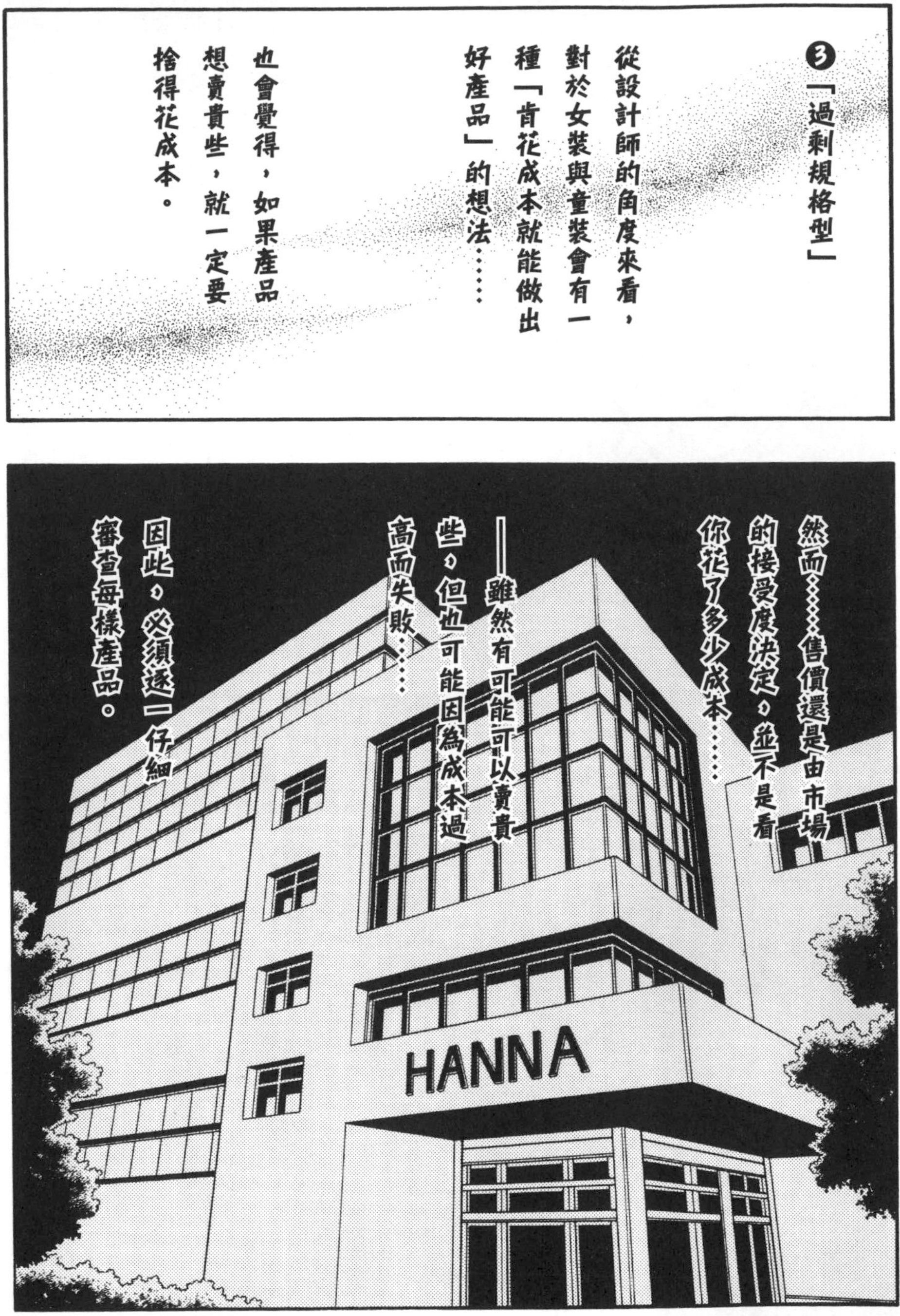
③「過剩規格型」
從設計師的角度來看，對於女裝與童裝會有一種「肯花成本就能做出好產品」的想法……
也會覺得，如果產品想賣貴些，就一定要捨得花成本。
然而……售價還是由市場的接受度決定，並不是看你花了多少成本……
—雖然有可能可以賣貴些，但也可能因為成本過高而失敗……
因此，必須逐一仔細審查每樣產品。
HANNA

④『灰姑娘型』（產品）
又如何呢……？
或許因為是經驗尚淺的設計師的
作品，事實上應該會大賣的產品，
就因而埋沒了也說不定……
當然——必須要有能予以
發掘的機制存在！
這些資訊在經營
上不可或缺！
但並不是能夠從ERP
系統中取得的。
還需要其他的系統！
沒錯!!

不致於什麼資訊都要用電腦來收集……
只要好好以人工方式收集就行了！
是!!
我知道了！
目前正在銷售的產品、今後預定銷售的所有產品，現在都必須馬上分成這四類仔細審查!!
老師，不好意思！
？
馬上行動
我！現在要回飯店開始動手了!!
那……
那我也回去好了。
噠
噠
噠
北京烤鴨明明還沒吃完~…

安曇教授的解說園地

【何謂利潤？】

本書前作《壽司幹嘛轉來轉去？：財報快易通——夢想如何創造利潤，創業家、投資人不可不知的財務知識》，曾經詳細介紹利潤的概念。利潤是從收益（銷貨收入）減掉成本的差額。在財務會計中，利潤指的是一定期間（一年、半年、一季）的利潤（該期間的利潤），它是該期間收益減去該期間成本的數值。

一般而言，收益與成本是分別發生，而且是在不同時點發生的。例如，製作服飾銷售時，先是製作衣服、從事銷售活動後，才能夠賣掉產品，因此成本（產品成本、銷售費用）會先發生，其後才會有收益（銷貨收入）。「成本收益配合原則」，是指要先確定該期間的銷貨收入，配合與之有因果關係的成本，據以計算出利潤。

損益表會分別計算所銷售產品的銷貨收入金額以及銷貨成本，稱其差額為毛利。業務部、會計部、人事部所發生的費用，列計為管銷費用；毛利扣掉管銷費用就是營業利益。

在財務會計上這樣就沒有問題，但是在經營上卻存在著不容忽視的大問題。

問題在於，成本與收益幾乎都是分別發生，除去一部分之外，均無對應關係存在。銷貨成本與銷貨收入乍看之下似乎存在著直接因果關係，其實並非如此。

在本章中，安曇教授那番話「成本（費用）有八成用於不產生價值的活動上。員工、產品與機械設備都用在無謂的活動上。這樣的資源分配有問題，因此成果不如預期」的意思，指的是如果成本與收益能夠配合，應該可以更有成果。

【收益分析】

由於產品賣掉表示企業所生產的產品與顧客所支付的款項間完成了交換，所以收益（銷貨收入）產生於企業的外部。

因此，收益分析的重點在於，要了解把什麼產品賣給什麼顧客、賣了多少，以及為公司帶來了多少利潤。把產品分類為「暢銷又有利潤」、「暢銷但其實無利潤」、「完全不賣」，以及「不算暢銷也不算失敗」等類型，再根據決定好的原則，迅速採取接下來的行動。

【成本分析】

成本分析分為變動成本與固定成本。重點在於，要集中在金額較多的成本上。變動成本的代表是材料成本與外包成本。刪減這些成本對於降低採購單價有即時性的效果。

接著，要提高良率，以及不要過度採買材料。由於固定成本是公司活動的維持成本，刪減固定成本最有效的方法在於停止活動本身。即便如此，完全不產生價值的活動固然可以選擇停止，但現實中由於附加價值活動與非附加價值活動會同時進行，因此並不容易做到。

以裁布機為例，裁切布料的那段時間會產生價值，因此是附加價值活動。如果機器因為故障而停止運轉，這段時間就不產生價值。

不過，即使不產生價值，也還是會花費維持成本（所以才叫固定成本）。人的作業也一樣，假設每天上班八小時，其中五小時用於縫製作業，剩下三小時開會。產生附加價值的只有五小時，開會的三小時屬於非附加價值活動。由於公司付員工薪水，即使時間是用來開會，一樣要花人事成本。

在傳統會計中，只衡量發生的成本金額，並不計算該成本是否產生價值。因此，如果說八成活動都不產生價值，也無法驗證是否屬實。ABC作業成本管理制度（Activity-Based Costing）就是為解決這樣的缺陷而登場的理論。

~了解邊際利潤與固定成本間的關係~

目前已經知道，資訊系統部主任唐澤所推動的ERP系統，結果不過是整合資料而已。
要想不浪費地運用人力、物資與金錢，就必須徹頭徹尾改變既有的工作方式。
HANNA
還有一點在於，能否好好運用會計資訊，有效率地分配資源。
不過，經營所需之會計資訊，並非全部都必須藉由ERP系統來取得……
只要經營上有需要，就必須找到某種方法收集它。

愛丁堡

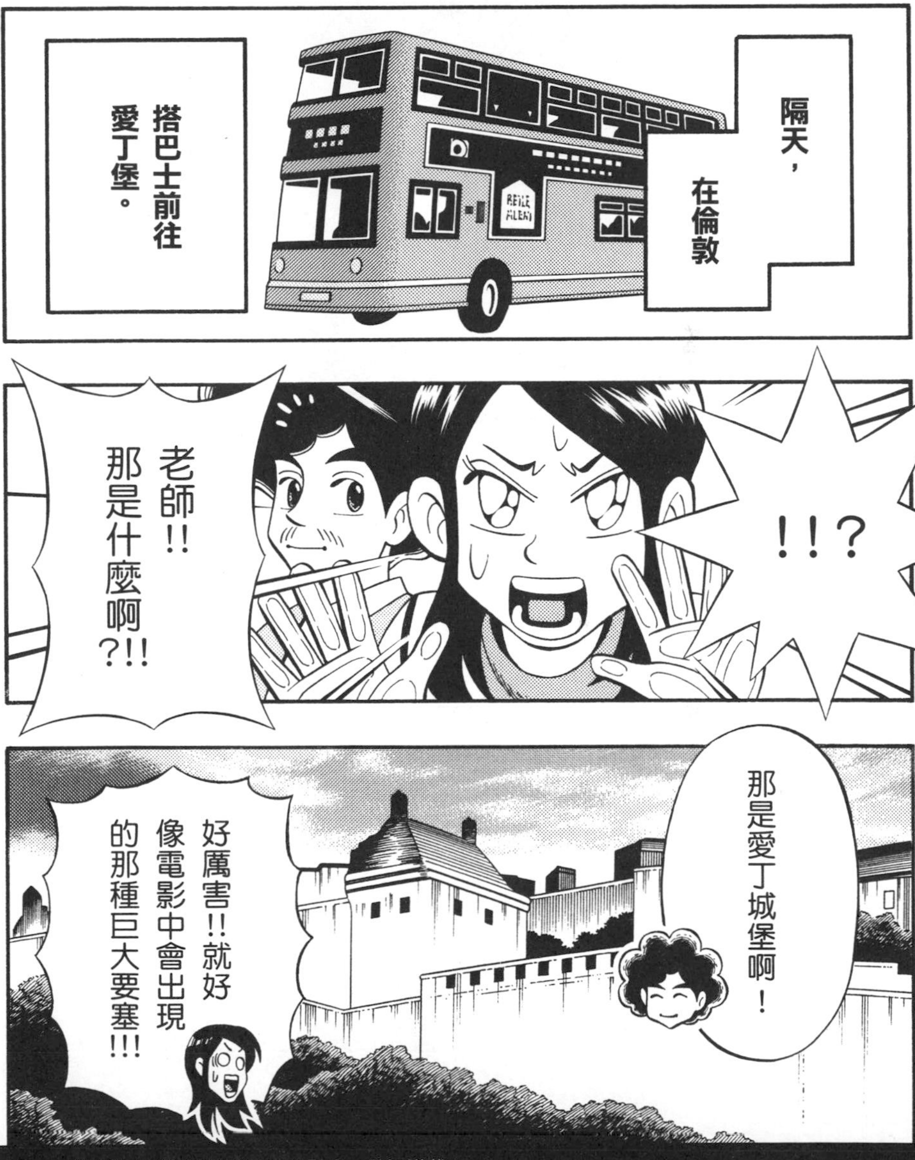
隔天，在倫敦
搭巴士前往愛丁堡。
!!?
老師!!那是什麼啊?!!
那是愛丁城堡啊！
好厲害!!就好像電影中會出現的那種巨大要塞!!!

一直到一七〇七年英格蘭與蘇格蘭合併，倫敦成為首都為止，這座城都是政治的中心。
伊莉莎白女王的死對頭、後來在斷頭台上殞命的蘇格蘭女王瑪麗皇后，當時也是以這裡作為日常居住的城堡。
不但知道愛丁城堡，
而且什麼事都如數家珍，老師真厲害！
今日餐點－♪
蘇格蘭牛肉與煙燻鮭魚
波爾多的紅酒
斯梅耶爾酒堡

邊際利潤與固定成本

那麼，開始接續昨天的內容吧！
點頭
麻煩您了!!

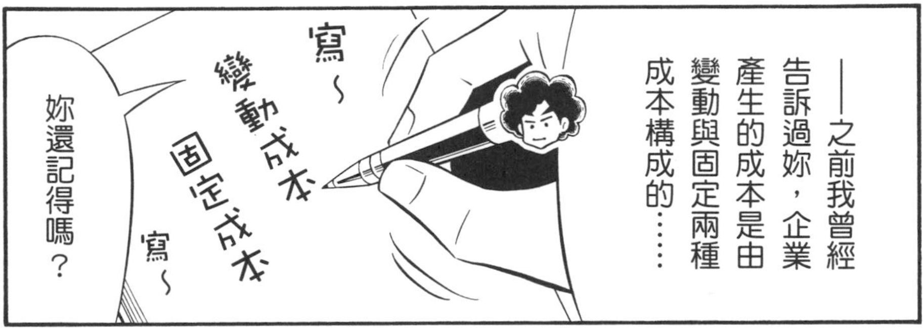
——之前我曾經告訴過妳，企業產生的成本是由變動與固定兩種成本構成的……
寫～
變動成本
固定成本
寫～
妳還記得嗎？

記得！銷貨收入減變動成本的金額就是【邊際利潤】。
邊際利潤再扣掉固定成本就是利潤。

用語解說

【邊際利潤】

銷貨收入減去變動成本就是邊際利潤。

變動成本指的是隨銷貨收入的多寡而增減的成本。

那時候，我問妳希望讓Ｉanna成為什麼樣的公司……
——妳好像是說，邊際利潤以高級法國餐廳為目標，固定成本以餃子店為目標嘛！
是。
但結果……
妳們公司有的品牌變成邊際利潤像餃子店、
……
固定成本像高級法國餐廳了。
童裝品牌的材料成本占售價的比例較高（也就是邊際利潤率較低），也耗費太多固定成本。
現在我問妳一個問題——
如果不生產邊際利潤不高的產品，而生產很多邊際利潤高的產品，可不可以說利潤會變多？
謹慎起見，我是指自行生產再出售的狀況下
……

期間損益

如果是買進商品再賣出，邊際利潤率愈高的商品出售愈多，公司的整體利潤就愈多……
——但如果是自行製造產品的話，又如何呢？
HANNA

田丸先生所製作的產品成本表……
我記得……
【產品成本】是以材料成本（變動成本）加上間接成本（固定成本）來計算的（產品成本＝材料成本＋間接成本）……

而邊際利潤等於售價減去材料成本的金額
（銷貨收入－材料成本＝邊際利潤），因此
即使邊際利潤很高，如果間接成本也高的
話，毛利就會變少……
（銷貨收入－材料成本－間接成本＝毛利）
——也就是說，即使優先銷售
邊際利潤高的產品，只要沒有
把間接成本考慮在內，就無法
得知毛利是否會最大化……
要怎麼樣考量間接成本呢？
我的腦子混亂起來了。
再怎麼想，都想不出答案。
說穿了，由紀就是搞不懂間接成本（固定成本）的本質……

用語解說

【產品成本】

一般而言，產品成本等於直接材料成本再加上加工成本（產品成本＝直接材料成本＋加工費）。

所謂的加工費，就是生產產品時，除了所用的材料外的成本，屬於無法依產品別直接累計的成本（間接成本）。換個角度看，由於生產產品時材料成本會成比例增加，因此算是變動成本；相對的，加工成本每月幾乎固定發生，因此屬固定成本。

也就是說，直接成本與變動成本、間接成本與固定成本只不過是看待成本的不同方式而已，可以看成其實二者幾乎算是相同的成本。

老師……
很不好意思，我想問您一個很基本的問題……
由紀小姐
妳覺得，美容院與千圓理髮店（註），哪個比較賺錢？
你說千圓理髮店，是指最近出現在車站或鬧區的那種理容院嗎？
沒錯！

編註：日本受不景氣影響，平價消費成為主流，「千圓理髮店」相當於台灣的「百元理髮店」。

在那邊剪髮的話，原本要花4000圓的理髮費，只要1000圓就解決了。
……
我覺得客單價較高的美容院比較賺錢！
閃閃發亮
啊、我答錯了!!!
半年前收掉美容院，改為經營千圓理髮店。
我一個兒時玩伴，
我問她為什麼千圓理髮店比較賺，她說
真……真的嗎？

是真的
——據她所言，經營美容院時，每個客人的理髮費是4000圓，洗髮精與潤絲精等材料成本要花200圓。
每人用掉的時間是60分鐘，因此客人每天收6個就已經很多了。
但是若經營千圓理髮店，材料成本100圓……每人所花時間10分鐘，每天的顧客人數增加到40人。
由於店面與設備都相同，每個月的間接成本一樣是24萬。
一個月工作25天，每天工作8小時（480分鐘）的話，每分鐘的間接成本是20圓（24萬÷（25天×480分鐘）＝20圓）。

相對於美容院每個客人３８００圓的邊際利潤，千圓理髮店是９００圓。
但美容院的服務包括理髮、洗髮到按摩在內（事業流程），因此每個客人要花60分鐘。
——不過千圓理髮店只理髮而已，10分鐘就結束了。
結果，經營美容院時每個客人平均的間接成本是１２００圓（20圓×60分鐘），但千圓理髮店卻減少到２００圓（20圓×10分鐘），也就是時間縮短了。
光看每個客人的邊際利潤來判斷的話，美容院較有利！
但我的兒時玩伴選擇了千圓理髮店，
——理由再清楚不過。

因為每天的利潤增加了!!
沒錯！由於服務時間短，可以多收一些客人。
結果，她說每個月的利潤變成美容院時的將近兩倍。

真是可怕的千圓理髮店。
如果照這樣來看Hanna公司的狀況……

美容院與千圓理髮店的賺錢機制

計算每個客人的利潤

		美容院	千圓理髮店		
1	理髮費	4,000	1,000	圓	
2	材料費（洗髮精、潤絲精）	200	100	圓	
3	邊際利潤	3,800	900	圓	1−2
4	邊際利潤率	95%	90%		3÷1
5	所需時間	60	10	分	
6	每分鐘間接成本	20	20	圓	240,000÷（25天×480分鐘）
7	每個客人的間接成本	1,200	200	圓	5×6
8	利潤	2,600	700	圓	3−7
9	利潤率	65%	70%		8÷1

每天利潤

客人變成6倍多！

		美容院	千圓理髮店		
10	來客數（天）	6	40	人	
11	利潤（天）	15,600	28,000	圓	8×10
12	每天營業時間（8小時×60分鐘）	480	480	分	
13	作業時間	360	400	分	5×10
14	閒置時間	120	80	分	12−13

每月利潤

利潤倍增！

		美容院	千圓理髮店		
15	營業天數（月）	25	25	天	
16	利潤（月）	390,000	700,000	圓	11×25天
17	每月來客數	150	1,000	人	10×25天
18	已回收間接成本	180,000	200,000	圓	7×10×15
19	每月店面間接成本	240,000	240,000	圓	
20	未回收間接成本	60,000	40,000	圓	19−18
21	實際利潤	330,000	660,000	圓	3×17−19

將業態變更為千圓理髮店後，客單價與邊際利潤固然變少，但由於每人的間接成本也變少，來客數又大幅增加，因此利潤倍增。

即使優先生產單位邊際利潤較高的產品，公司整體的邊際利潤也未必就會最大化。
因為，各產品所需要的生產時間不同。
HANNA
也就是說，
即使單位邊際利潤高，如果該產品的生產時間比其他產品多，公司整體的邊際利潤就未必會最大化。
謹慎起見，我是指自行生產再出售的狀況下。
我現在明白老師之所以強調那番話的原因了。
由紀小姐
？

我告訴了那個兒時玩伴，
「我個人的話，會選擇略貴但會花時間仔細幫我理髮、好好幫我洗頭的美容院唷！」
客人您真是內行啊！
揉揉
揉揉
噗……
害羞中
抖抖……
由紀小姐
嚇到
重點在於時間！
妳比較一下美容院與千圓理髮店對於時間的使用方式。
時間的使用方式……

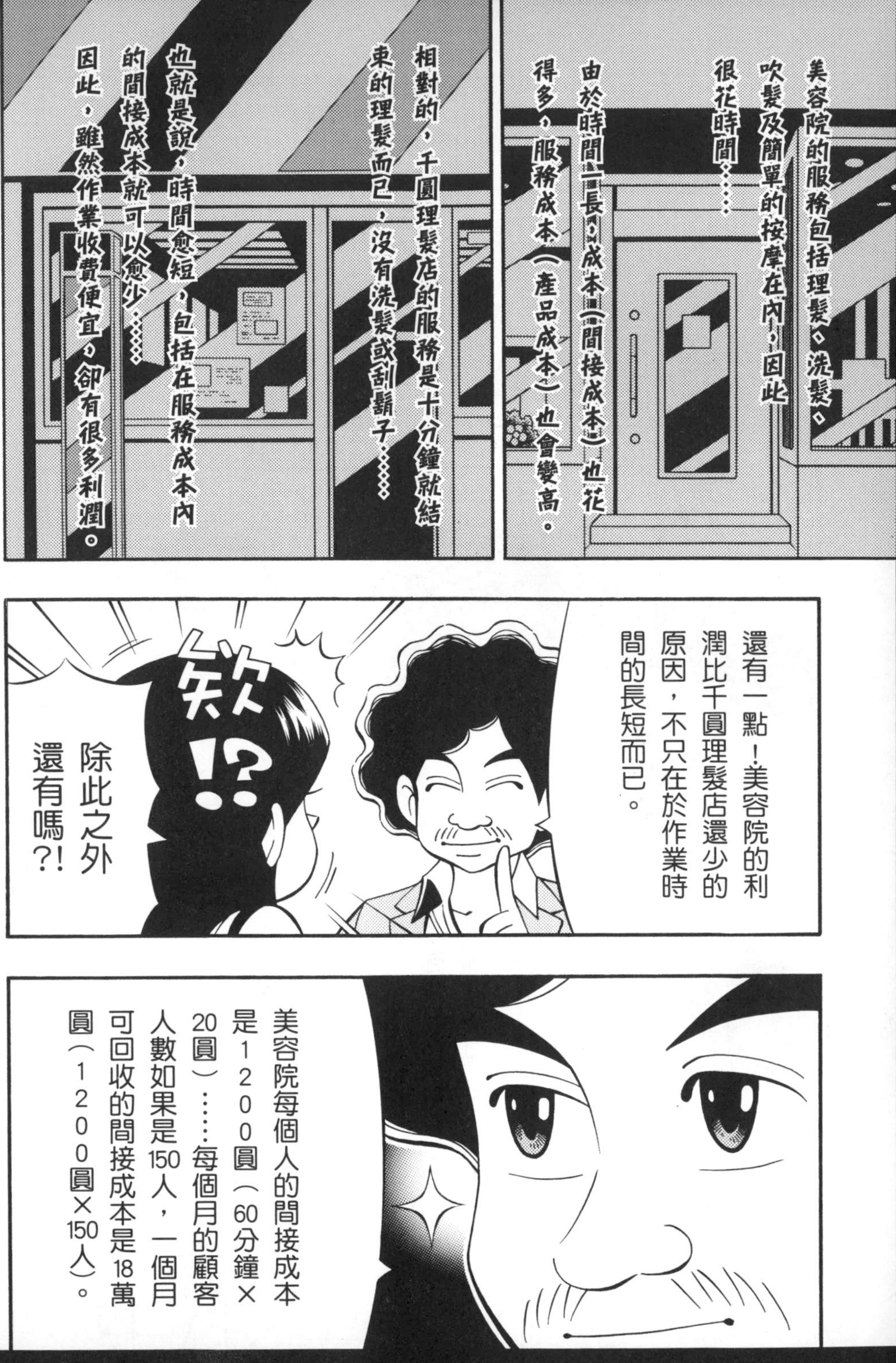

美容院的服務包括理髮、洗髮、吹髮及簡單的按摩在內，因此很花時間……
由於時間一長，成本（間接成本）也花得多，服務成本（產品成本）也會變高。
相對的，千圓理髮店的服務是十分鐘就結束的理髮而已，沒有洗髮或刮鬍子……
也就是說，時間愈短，包括在服務成本內的間接成本就可以愈少……
因此，雖然作業收費便宜，卻有很多利潤。
還有一點！美容院的利潤比千圓理髮店還少的原因，不只在於作業時間的長短而已。
欸!?
除此之外還有嗎?!
美容院每個人的間接成本是1200圓（60分鐘×20圓）……每個月的顧客人數如果是150人，一個月可回收的間接成本是18萬圓（1200圓×150人）。

但在現實中，為維持這家店所花費的固定成本是24萬圓，因此實際利潤是33萬圓（3800圓×150人－24萬圓）。
同樣的，千圓理髮店是66萬圓（900圓×1000人－24萬圓＝66萬圓）。
可是……實際的計算結果確實如安曇老師所言……
也就是說，差異的原因在於時間的使用方式不同。
美容院的利潤較少的原因在於，
有很多時間沒有直接連結到銷貨收入上，浪費掉了。

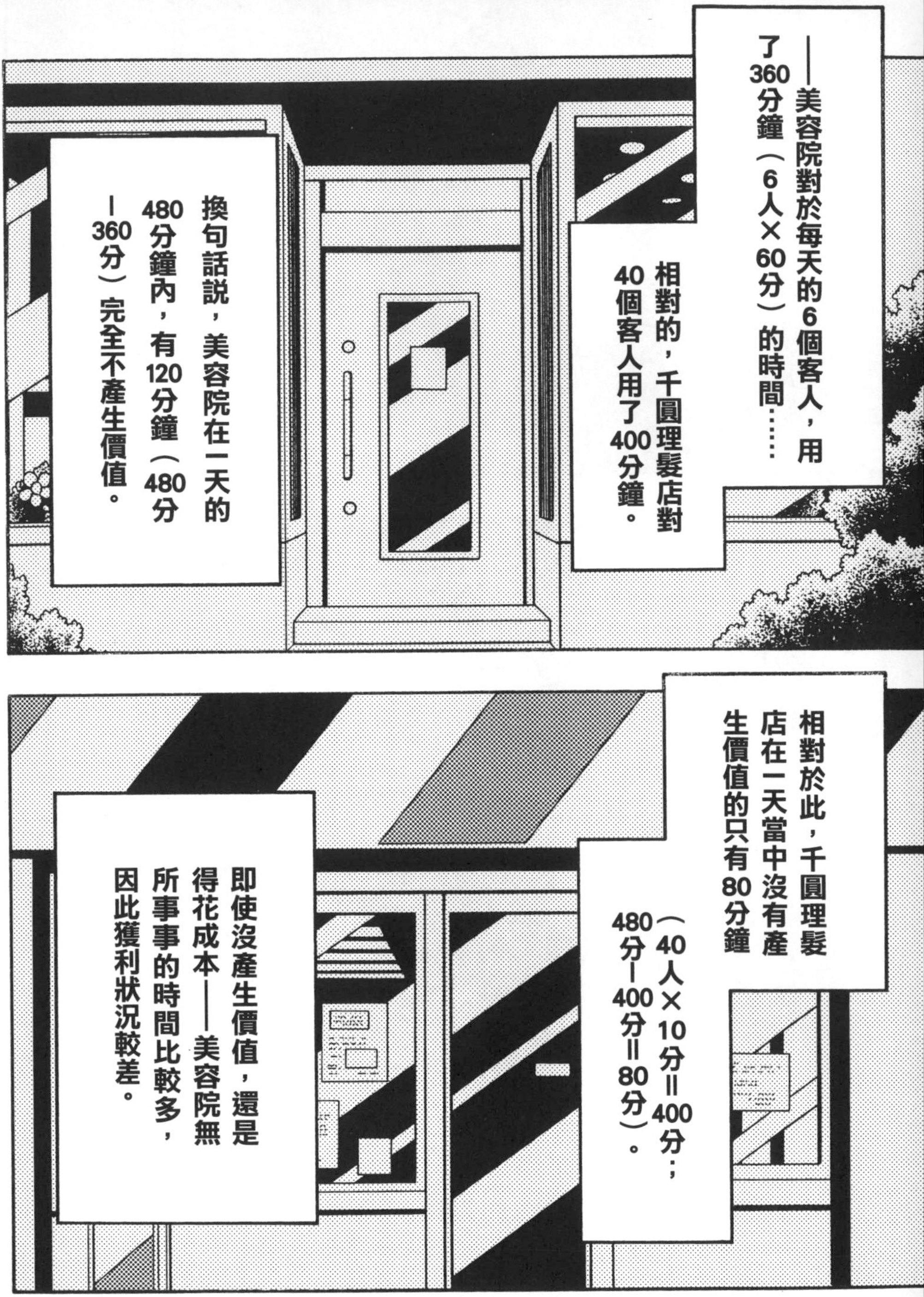
——美容院對於每天的6個客人，用了360分鐘（6人×60分）的時間……
相對的，千圓理髮店對40個客人用了400分鐘。
換句話說，美容院在一天的480分鐘內，有120分鐘（480分－360分）完全不產生價值。
相對於此，千圓理髮店在一天當中沒有產生價值的只有80分鐘（40人×10分＝400分；480分－400分＝80分）。
即使沒產生價值，還是得花成本——美容院無所事事的時間比較多，因此獲利狀況較差。

像Hanna那樣在自己工廠中生產產品的話，即使只生產邊際利潤高的產品，也無法讓公司整體的利潤最大化。
如果不考慮到時間的運用方式，判斷會有錯誤。
也就是說
必須考量到運用每天的480分鐘，讓邊際利潤最大化!!
老師！這種觀念也可以應用在業務活動上嗎?!
我覺得銷貨收入沒有成長的原因，在於業務員同仁運用時間的方式上。
當然可以應用呀！
我舉例說明吧！

業務員A君九點進公司開會後，前往都內與橫濱的零售店收集有關產品銷售狀況與客訴的資訊，傍晚回公司填寫出貨指示單後回家。
同樣是業務員的B君，朝會之後到量販店推銷新產品……
但在價格面談不攏，回公司重新製作估價單，下午再次前往客戶處，但再次沒有談成。
C君則翹班跑去看電影。
在此，一般會計上會處理的是三人所花的人事費及交通費的金額。
但光是這樣，仍無法看出三個人做的工作是否有價值。
也就是說，妳無法得知自己真正想知道的事。
點頭

每次看到財務報表，我總是感到很焦慮。
因為我不知道加班時數與交通費變多的原因。
——例如，假設C君每天的人事費是一萬圓……
但C君卻不工作跑去看電影。
不消說，給他的薪水是浪費。
B君總是把一天的時間花在不產生價值的活動上。
這樣仔細去觀察的話，就能夠清楚了解大部分成本是花在不產生價值的活動上了。
也就是說，經營資源並未獲得有效運用。

——光看製造部門與銷售部門的成本，看不出這些單位中作業者的活動狀況……
但經營者想知道的是從事了哪些活動，以及花費了多少成本……
HANNA
——以現況而言，資訊系統部的唐澤與會計部的田丸，都完全沒有考量到這一點。
現在……在Hanna發生的事是……
我以高薪的保證採用的資訊系統部主任唐澤，以及銀行介紹給我的會計部主任田丸……
他們都沒有做出我所滿意的工作成果來……
也就是他們從事的是非附加價值的活動。

而員工們誤以為童裝部門與休閒服部門有賺錢，也誤以為女裝部門業績不振……
因為他們對田丸先生製作的品牌別損益表照單全收。
——但，現實並非如此。
安曇老師，
Hanna 的賺錢部門目前覺得面上無光，虧錢部門卻變得自豪萬分。
正是如此！
錯誤的會計資訊會把公司導向錯誤的方向!!

好！拼了!!
我絕對不會輸!!!
由紀小姐，下次在慕尼黑碰面吧！
好！麻煩您了!!

安曇教授的解說園地

【價值的意義】

在會計中，「價值」大體上可用在兩種意義上。其一是企業所生產的產品（商品、服務）售價高低。也就是說，企業（現金製造機）製造出來的產品，透過銷售再次變為現金時的金額。因此，無論花費多少成本生產，只要不賣就沒有價值。

還有另一種意義是顧客的滿足。在作業基礎成本制度中，會使用「這項活動有價值」或「這項活動是浪費，沒有產生價值」之類的說法。也就是說，要站在顧客的角度來判斷有沒有價值。

例如，花在以下項目上的成本，都是非附加價值成本：製造部的不良品重新製作、機器的設定、前往客戶處的移動時間、重新製作提案資料、開得很鬆散的社內會議等等。這些活動所耗費的成本即使向顧客請款，也沒有顧客會開開心心支付，因為它們並無價值。

傳統成本計算的缺陷

傳統的成本計算，有各種不容忽視的缺陷在。

1 生產成本扭曲

傳統的成本計算，會把發生的成本轉換為會計科目：像是消費原物料或零件就提列材料費、員工工作就提列薪資、一開始使用機器設備就提列折舊費用、一租借建築物就提列租金。

其中，可直接追溯到不同產品的成本（直接成本）就依產品別加總，無法追溯的就一起列為間接製造成本，依照直接作業時間或機器稼動時間等標準分攤到各產品去。

在間接製造成本中，包括很多與製造第一線的作業量（時間）無關的項目，像是技術部門、採購部門、生產管理部門等輔助部門的成本。因此，如果照傳統成本計算方式那樣，以作業時間為基準分攤間接製造成本的話，產品成本會大為扭曲。

2 無法呈現製程或製造活動

在製程中，會進行各種製造活動，包括材料的採購、機器的設定、加工、組裝、手持、檢查、修改、包裝、出貨等等。在製造活動中，不是只有會創造價值的活動（附加價值活動）而已，也會進行不產生價值的活動（設定機器、修改、手持等非附加價值活動）。經營會想要得知，這些活動花了多少成本；成本利用到何種程度，不產生價值的活動成本又有多少等等。

然而，在傳統的成本計算方式下，無法因應經營者的這種需求。這是因為，傳統的成本計算並無流程或活動的概念存在。

3 無法從產品成本中取得活動資訊

材料會經由製程轉換為產品。因此，產品成本中，必須把材料費，以及材料到轉換為產品為止漸漸消耗掉的幾項活動的成本拿來加總。然而，現實中，產品成本卻只以概略的金額來呈現直接材料成本、直接勞務成本、間接製造成本等活動所衍生的成本。

4 無法管理成本

產品成本是把衍生成本依產品別加總起來而得。加總起來的成本無法回復到原本的狀態去。這裡講的「原本的狀態」，指的是分解為以物品數量計算的經濟價值消耗量（材料數量、活動時間）及其單價（材料單價、活動單價）。傳統的成本計算中，只以金額呈現成本，因此即使知道成本比目標值高，也還是無法掌握其原因何在。

第6章 汽車導航系統讓人愛不釋手

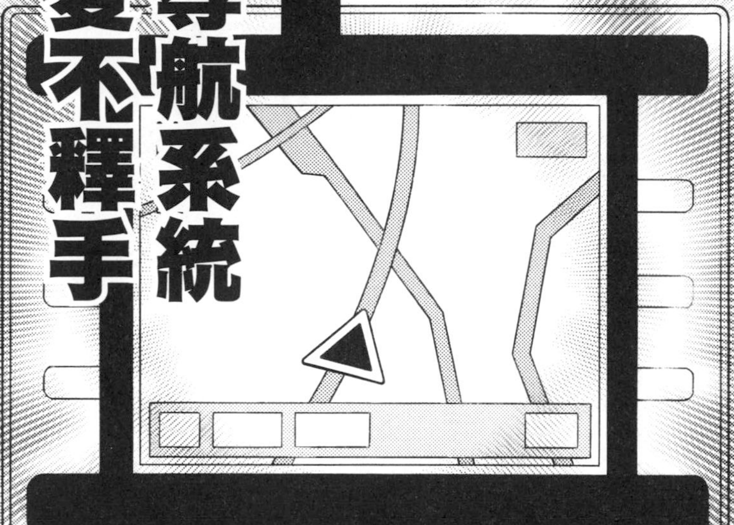

～落實即時資訊的管理儀表板～

主任室
Hanna資訊系統部主任
唐澤惠一
社長……捨棄掉建構中的ERP系統、整個重做吧……
至今我在無數家公司成功導入了ERP系統……
但這次卻不順利……
以前……我曾經給過社長建言，現在卻自信全失……

是我太過貪心了嗎？
——至今唐澤成功導入的實例中，有幾個共通點……
首先是要求公司的作業方式配合ERP套裝軟體。
唐澤相信，ERP套裝軟體所準備的業務流程，才是應該落實的理想姿態（To Be）；只要導入ERP套裝軟體，公司的作業也會自然而然改善。
唐澤至今經手過的業種也有個共通點。
——幾乎都是化學或藥品等流程型的製造業，全是一些大量且連續生產少品項產品的公司……
因此，公司的作業很容易配合ERP套裝軟體。

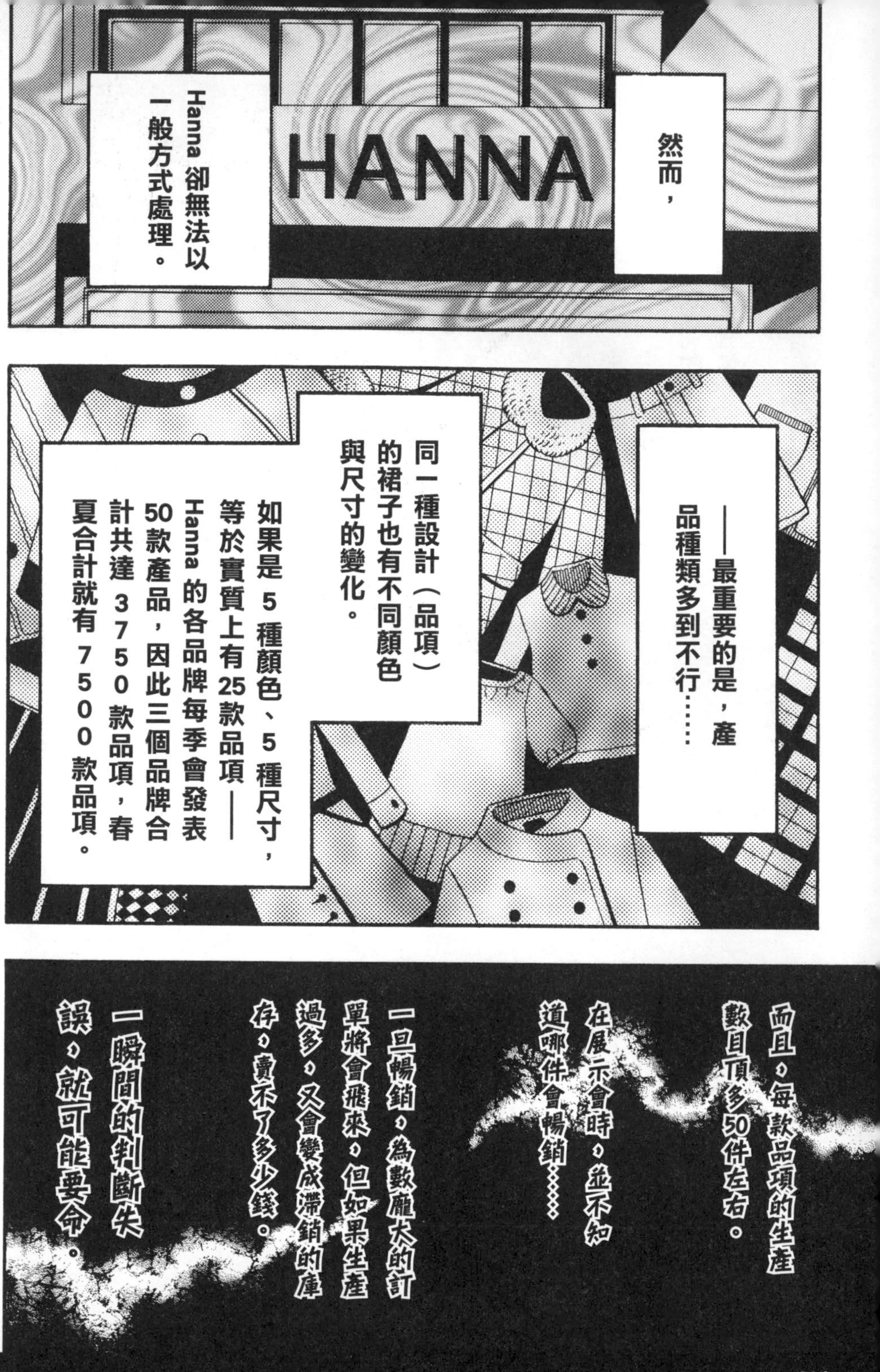
然而，
HANNA
Hanna 卻無法以一般方式處理。
——最重要的是，產品種類多到不行……
同一種設計（品項）的裙子也有不同顏色與尺寸的變化。
如果是 5 種顏色、5 種尺寸，等於實質上有25款品項——Hanna 的各品牌每季會發表50款產品，因此三個品牌合計共達 3750 款品項，春夏合計就有 7500 款品項。
而且，每款品項的生產數目頂多50件左右。
在展示會時，並不知道哪件會暢銷……
一旦暢銷，為數龐大的訂單將會飛來，但如果生產過多，又會變成滯銷的庫存，賣不了多少錢。
一瞬間的判斷失誤，就可能要命。

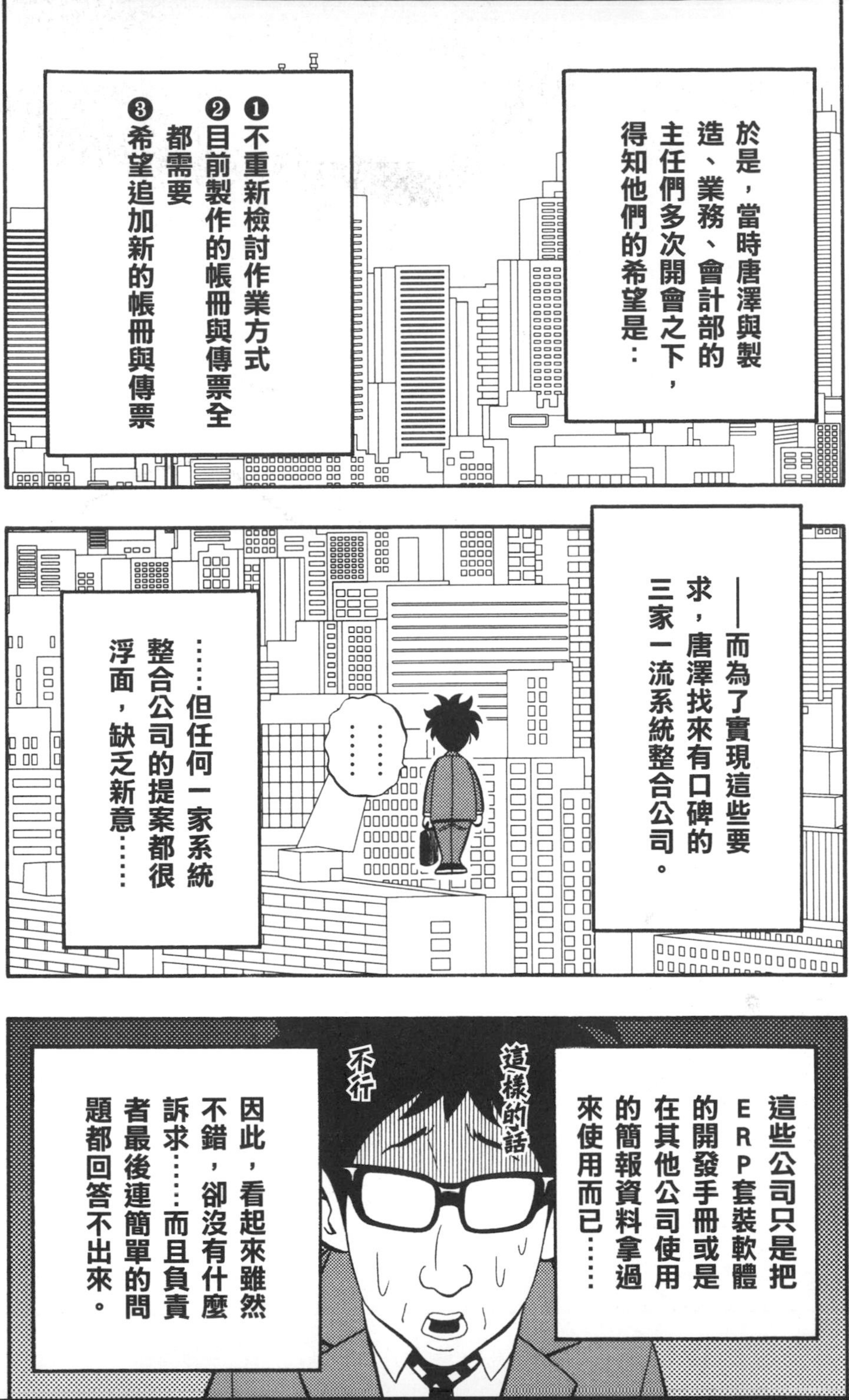
於是，當時唐澤與製造、業務、會計部的主任們多次開會之下，得知他們的希望是：
❶不重新檢討作業方式
❷目前製作的帳冊與傳票全都需要
❸希望追加新的帳冊與傳票
——而為了實現這些要求，唐澤找來有口碑的三家一流系統整合公司。
……
……但任何一家系統整合公司的提案都很浮面，缺乏新意……
這些公司只是把ERP套裝軟體的開發手冊或是在其他公司使用的簡報資料拿過來使用而已……
這樣的話
不行
因此，看起來雖然不錯，卻沒有什麼訴求……而且負責者最後連簡單的問題都回答不出來。

不過，在這之中，唯有NFI的簡報特別出色。
NFI
NFI的負責窗口陣內斷言，Hanna所面對的課題全都能夠解決，而且也誇口說他們公司有自行開發的服飾業專用外掛軟體。
陣內
——唐澤當然決定採用NFI的軟體！
社長和會計部主任都是資訊外行人，應該不會反對吧！
但是！實際進行導入作業時，出現了各式各樣的問題。
這才發現Hanna的作業無法和ERP套裝軟體或外掛軟體相搭配!!

——於是，唐澤希望Hanna的作業方式可以配合ERP套裝軟體與外掛軟體，但各部門領導人全部抗拒，說絕對不想改變作業方式……
這樣的話，就只能讓套裝軟體配合Hanna的作業方式了，於是進行讓人差點沒昏過去的客製化作業。

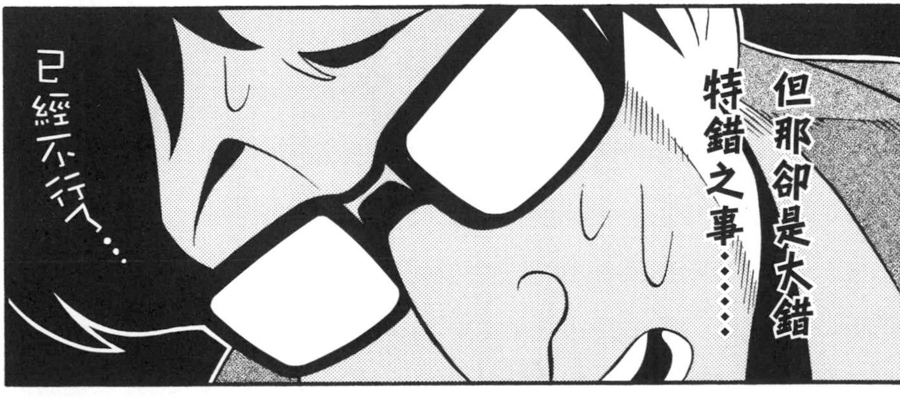
但那卻是大錯特錯之事……
已經不行了…

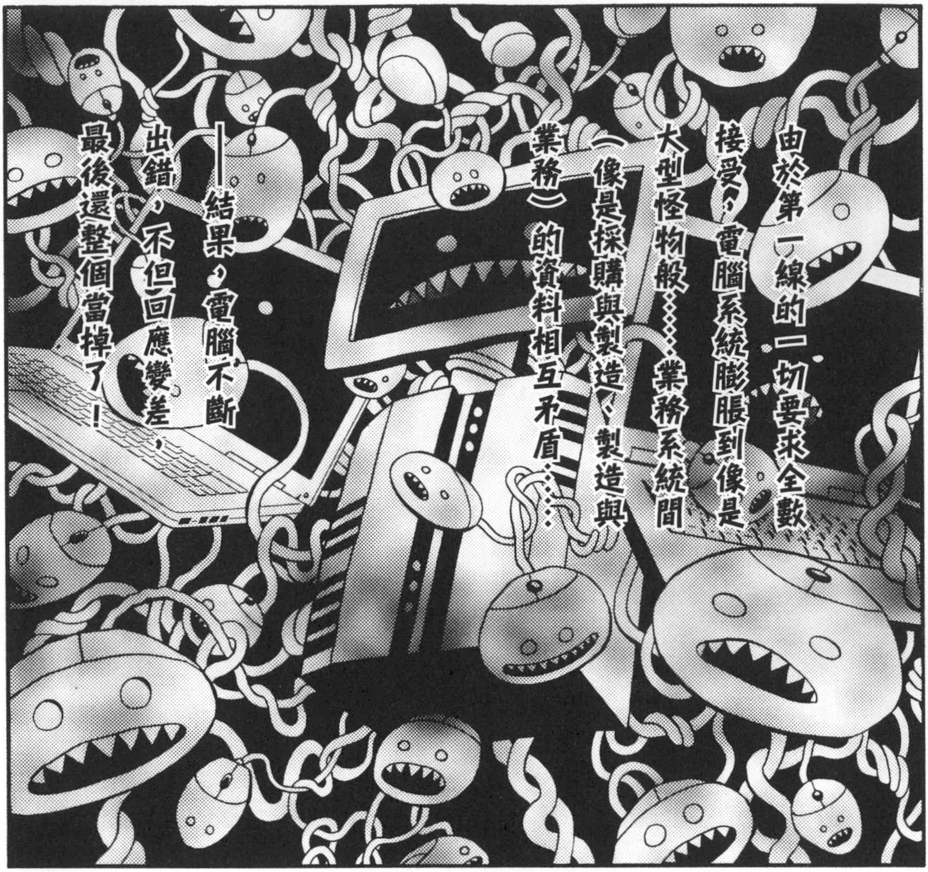

由於第一線的一切要求全數接受，電腦系統膨脹到像是大型怪物般……業務系統間（像是採購與製造、製造與業務）的資料相互矛盾……
──結果，電腦不斷出錯，不但回應變差，最後還整個當掉了！

問題原因可能在於軟體的臭蟲……
但如果向外行的社長說明這種事，也無濟於事……
嗚……到底該怎麼辦？

高速公路

到慕尼黑還有四百公里左右，大概再兩小時左右吧！
老師!!
時速表上指著220公里，是我看錯了嗎？
哈哈哈，妳放心啦！
疾速
目的地慕尼黑是位於德國南部的第三大城市。
這裡也是知名的啤酒與汽車產地。

對了，
延續上個月的話題。
是！
妳想要把已經變得臃腫的電腦系統整個重做，
還是——
想保留可以保留的部分？
我想要保留能夠保留的部分！
緊握拳頭

突襲的風雨

同樣碰到開始下雨的狀況，但我們的車子還是可以開到時速120公里以上。
為何老師還可以這麼安穩鎮定呢？
因為這並非意料外的事啊！
意料外的事？
沒錯！
重點在於不要有意料外的事。
人一旦碰到意料外的事態，就容易在判斷上出錯。
但如果一如自己的預期，就不會動搖。
在管理上也是一樣。
!!
需要什麼才不會在管理上碰到意料外的事呢?!

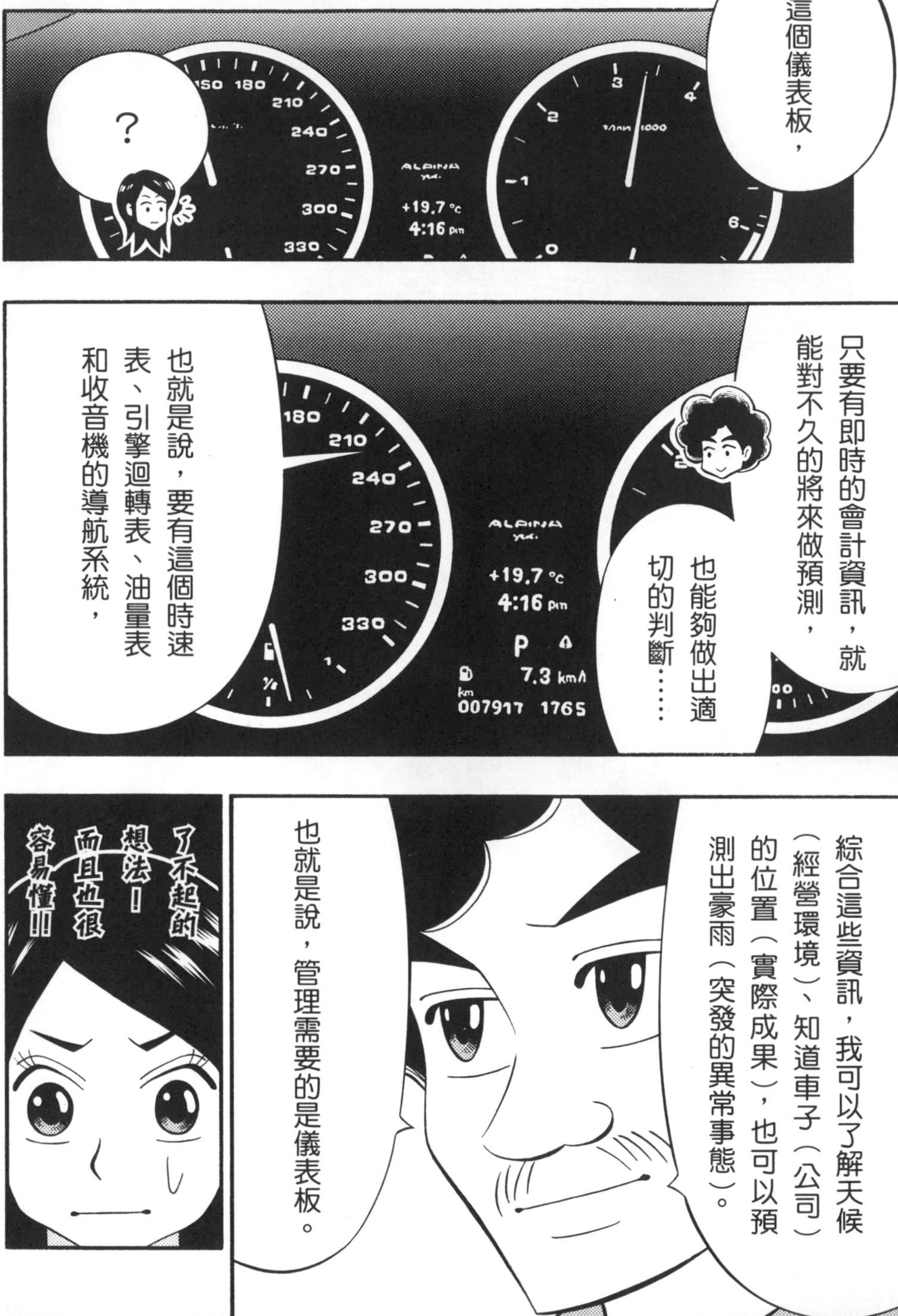
這個儀表板，
？
只要有即時的會計資訊，就能對不久的將來做預測，
也能夠做出適切的判斷……
也就是說，要有這個時速表、引擎迴轉表、油量表和收音機的導航系統，
綜合這些資訊，我可以了解天候（經營環境）、知道車子（公司）的位置（實際成果），也可以預測出豪雨（突發的異常事態）。
也就是說，管理需要的是儀表板。
了不起的想法！而且也很容易懂!!

所謂的管理，就是緊盯未來、挺過現在。
妳該做的事是把Hanna的即時資訊設定到管理儀表板上！
是!!!

再幫妳複習一下，企業經營者要有哪些觀點？
「鳥與蟲與魚」的觀點!!
沒錯！身為經營者的妳，必須了解Hanna的「現金製造機（資產負債表）」與「創造出的價值及消費掉的價值（損益表）」，
以及「現金的流向（現金流量）」。
——但如果單靠來自鳥眼的資訊，會看不到公司的內部。
首先，從鳥眼中發現到異常的話，要以之為突破口，利用蟲眼徹底分析其原因。
點頭

來自蟲眼的資訊有兩種……
其一是事業流程與活動的資訊——
以Hanna來說，就是可以看出業務部與製造部正進行著什麼樣的活動。
還有一種是銷貨收入與產品成本的詳細資訊。
例如，各產品的銷貨收入與毛利……以及能夠詳細分析產品成本的資訊。
燃燒
燃燒
燃燒

月次決算的時點

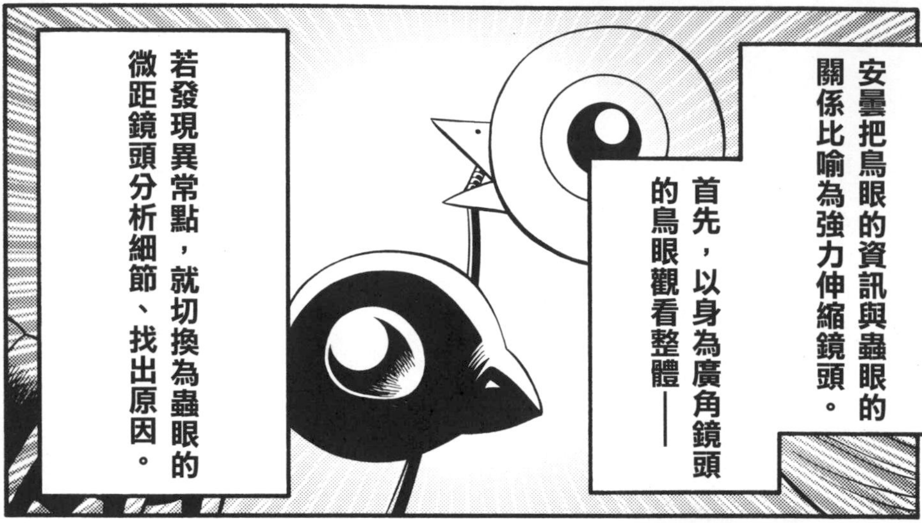
安曇把鳥眼的資訊與蟲眼的關係比喻為強力伸縮鏡頭。
首先，以身為廣角鏡頭的鳥眼觀看整體——
若發現異常點，就切換為蟲眼的微距鏡頭分析細節、找出原因。

然後，還有另一項重要資訊是魚眼的資訊！
魚乘著水流解讀接下來的去向，不會看漏突然的變化或異常點，可以避開危險……——妳必須把這三種資訊設定到管理儀表板上。

是的!!
於是我思考了月次決算表與管理儀表板之間到底有什麼樣的關係。

首先……Hanna每月的決算報表會製作財務三表以及品牌別損益表（這是鳥眼的資訊）……
接著，詳細分析各產品的銷貨收入與成本後，所得到的是蟲眼的資訊。
可是魚眼的資訊就……
？
月次決算表應該在什麼時點製作呢？
!!
我希望當月的實際成果能夠在翌月的第五個營業日得知。
目前……月次決算表送到我手中，是在翌月的10日前後……
這樣子太遲了……
若能在翌月的第一週得知當月的實際成果，應該可以迅速做出決策。

由紀小姐……
那樣的話會變成死亡診斷書。
!?
妳現在需要的是魚眼。
這個導航系統中，會顯示出地圖、車子的位置，
以及到目的地慕尼黑為止的距離與預定到達時刻。
月次決算資訊，必須盡可能顯現出現在的模樣……
理想中，應該要像這個導航系統一樣，即時播映！
如果在翌月才整理出月次決算表，只能看到過去的模樣而已……
這樣的話，就無法為達成本月預算而採取任何手段了……
理想是導航系統!!

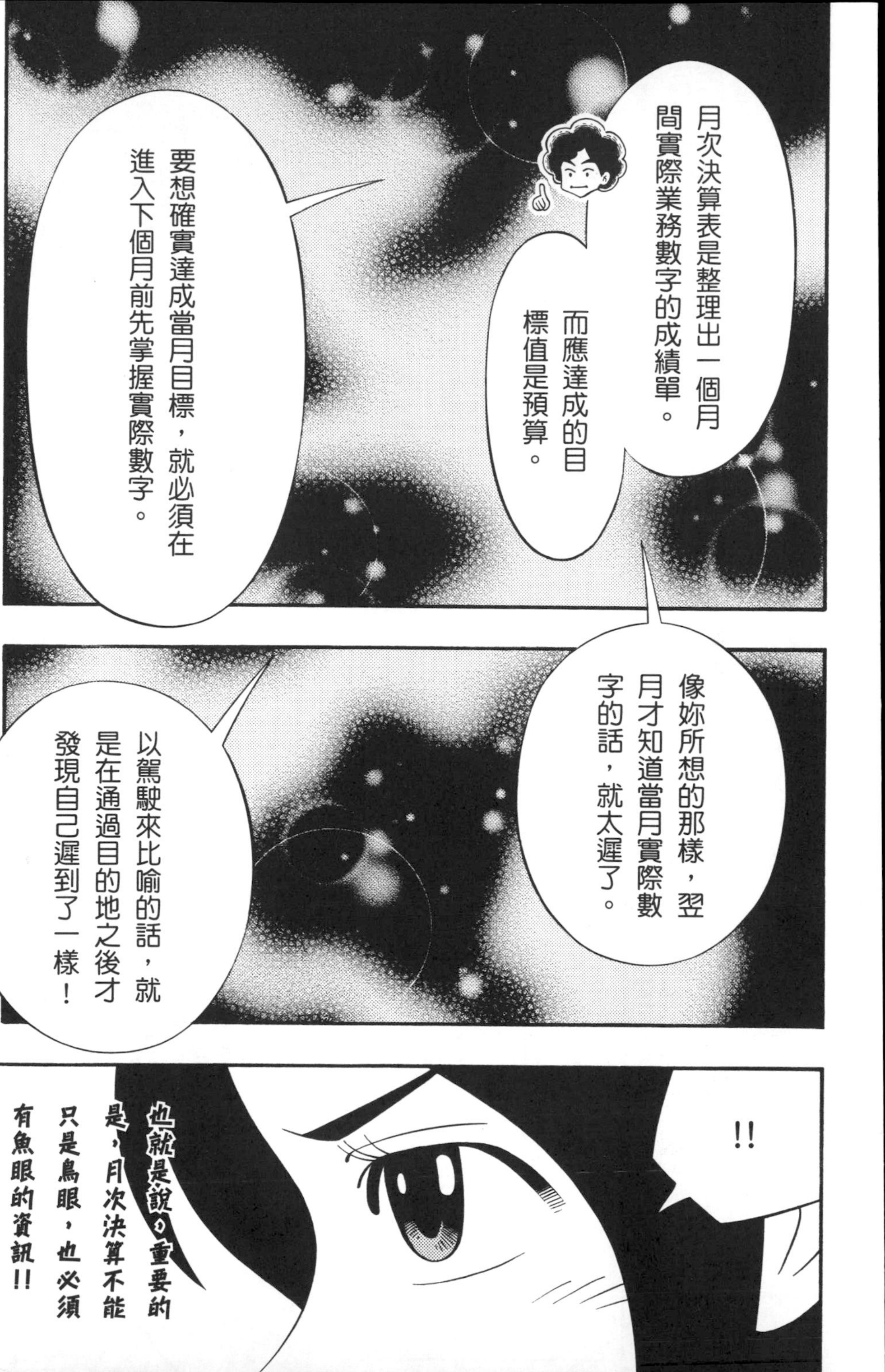
月次決算表是整理出一個月間實際業務數字的成績單。
而應達成的目標值是預算。
要想確實達成當月目標，就必須在進入下個月前先掌握實際數字。
像妳所想的那樣，翌月才知道當月實際數字的話，就太遲了。
以駕駛來比喻的話，就是在通過目的地之後才發現自己遲到了一樣！
!!
也就是說，重要的是，月次決算不能只是鳥眼，也必須有魚眼的資訊!!

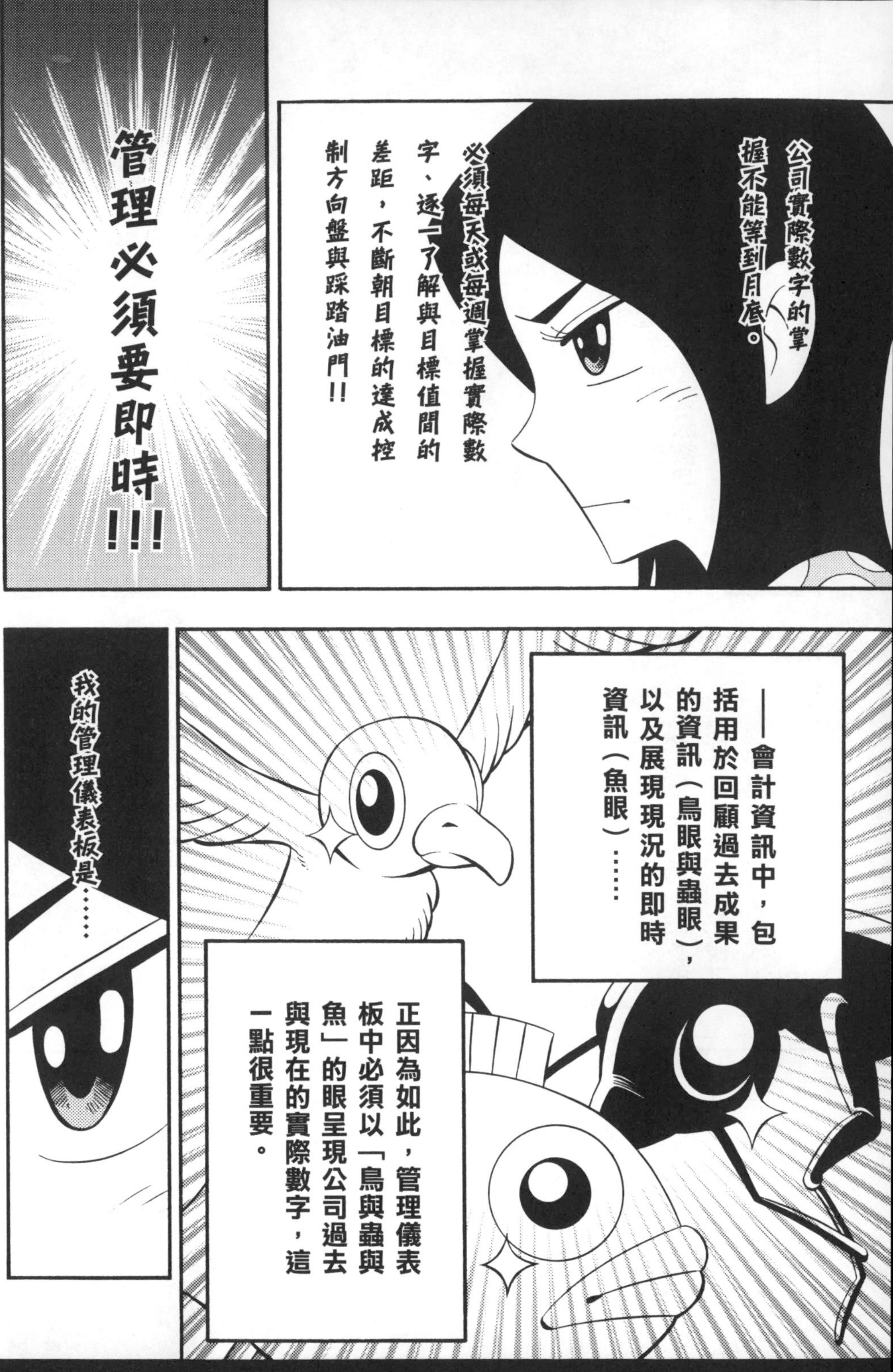
公司實際數字的掌握不能等到月底。
必須每天或每週掌握實際數字、逐一了解與目標值間的差距，不斷朝目標的達成控制方向盤與踩踏油門!!
管理必須要即時!!!
——會計資訊中，包括用於回顧過去成果的資訊（鳥眼與蟲眼），以及展現現況的即時資訊（魚眼）……
正因為如此，管理儀表板中必須以「鳥與蟲與魚」的眼呈現公司過去與現在的實際數字，這一點很重要。
我的管理儀表板是……

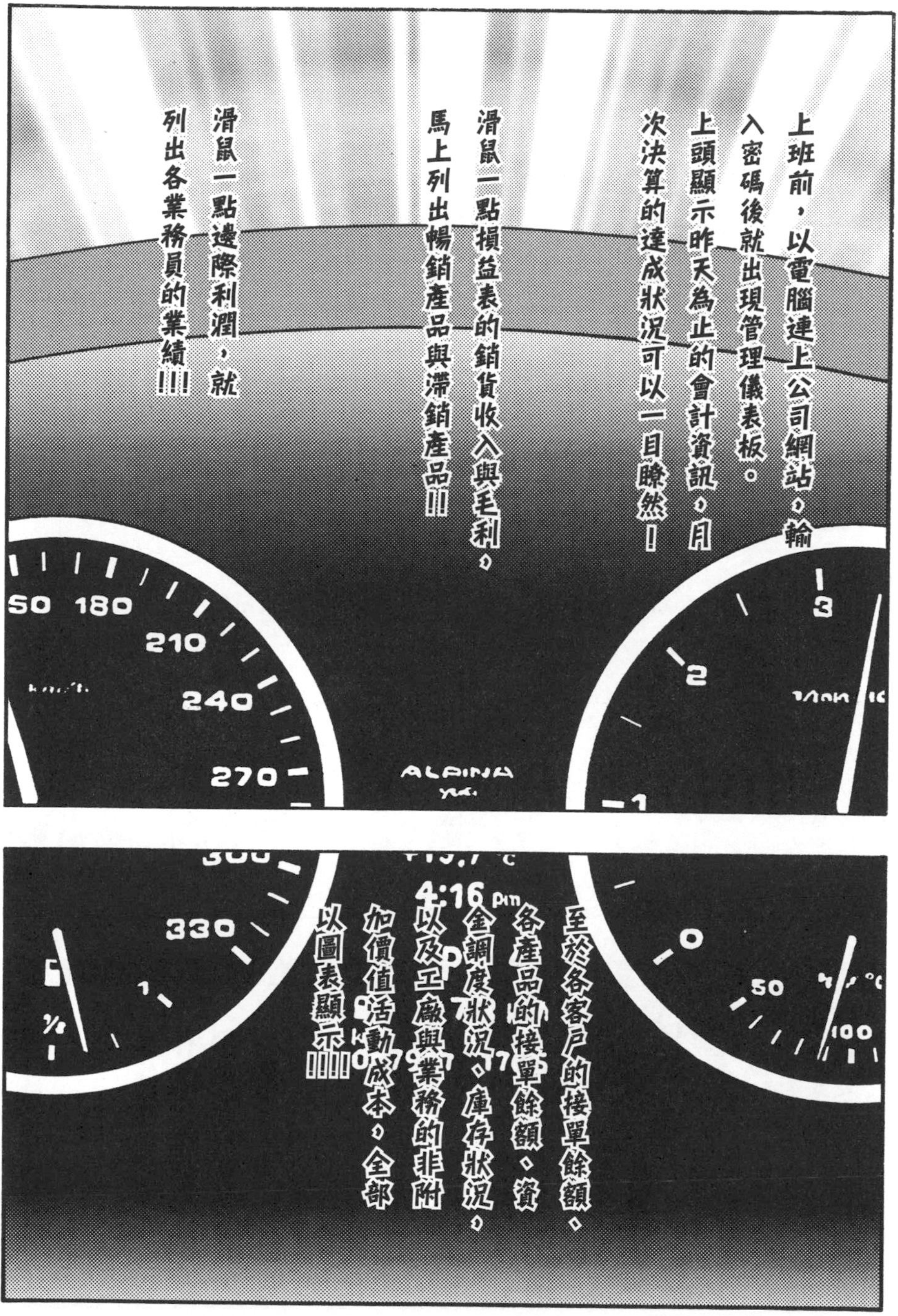
上班前，以電腦連上公司網站，輸入密碼後就出現管理儀表板。上頭顯示昨天為止的會計資訊，月次決算的達成狀況可以一目瞭然！
滑鼠一點損益表的銷貨收入與毛利，馬上列出暢銷產品與滯銷產品!!
滑鼠一點邊際利潤，就列出各業務員的業績!!!
180
210
240
270
ALPINA
330
4:16 pm
至於各客戶的接單餘額、各產品的接單餘額、資金調度狀況、庫存狀況，以及工廠與業務的非附加價值活動成本，全部以圖表顯示!!!!!

燃燒燃燒
如果這樣的管理儀表板完成、我就可以馬上做必要的處置!!!!!
緊握拳頭
由紀總算理解為什麼安曇要把上課地點選在高速公路上了!

奔馳Oooo…

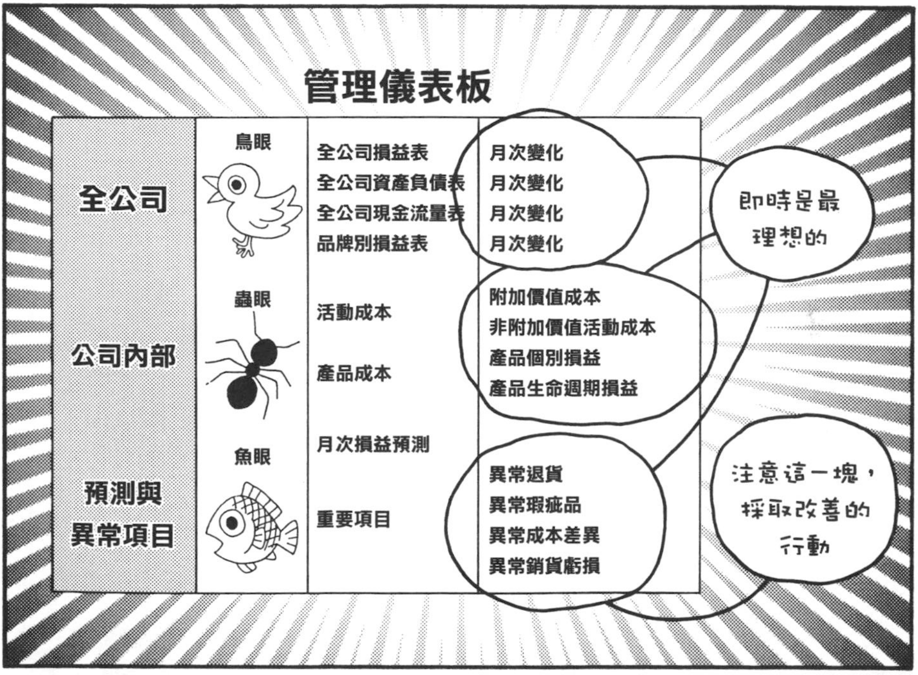
管理儀表板
全公司
鳥眼
全公司損益表
全公司資產負債表
全公司現金流量表
品牌別損益表
月次變化
月次變化
月次變化
月次變化
即時是最理想的
公司內部
蟲眼
活動成本
產品成本
附加價值成本
非附加價值活動成本
產品個別損益
產品生命週期損益
預測與異常項目
魚眼
月次損益預測
重要項目
異常退貨
異常瑕疵品
異常成本差異
異常銷貨虧損
注意這一塊，採取改善的行動

慕尼黑的餐廳

德國葡萄酒。
不同於法國葡萄酒，複雜但優雅的風味實在無可挑剔！
由紀小姐！下個月在伯恩碰面吧！
法國嘛！
沒錯！勃艮地葡萄酒的聖地。

那是生產頂級葡萄酒的城市，也是葡萄酒愛好者嚮往朝聖的地方！
難得有這個機會，要不要帶妳媽媽一起來？
哈哈……
就算我不讓她來，我想她也會跟來吧！
葡萄酒愛好者

安曇教授的解說園地

【管理儀表板（management dashboard）】

像汽車儀表板那樣，可提供企業經營者必要資訊的系統，以會計數字、經營指標、圖表等形式呈現出來。管理儀表板的內容，原則上應該由企業經營者決定。

之所以需要管理儀表板，是為了掌握現在的實際數字，迅速做出適切的行動。行動愈快，效果就愈大。在此要注意的是，即使月次決算提早，也不代表就能夠進行即時管理。因為，如果月次決算資訊中缺乏本章內文所說明的三種角度，依然無法連結到適切的行動上。

管理儀表板的資訊

可「看到」公司實際狀況的資訊，可從以下五項觀點來觀察：

①可以看到企業的整體狀況。
②可以看到企業的內部活動。
③企業發生的問題會映入眼簾。
④可以看到產品成本的詳細內容，以及問題點的細節。
⑤可以確認問題點的改善成果反映到了全公司的成果上。

也就是說，可以從鳥眼、蟲眼與魚眼的角度觀察公司。

安曇教授所謂的「資訊責任」，是指把這樣的儀表板上顯示的資訊明確化的責任。經營者再充分運用這些資訊在經營之上。管理儀表板上的資訊，基本上是會計資訊。以這樣的會計資訊為突破口，回溯到詳細的業務資料，甚至於回溯到業務本身，就能採取適切行動、改善利潤。

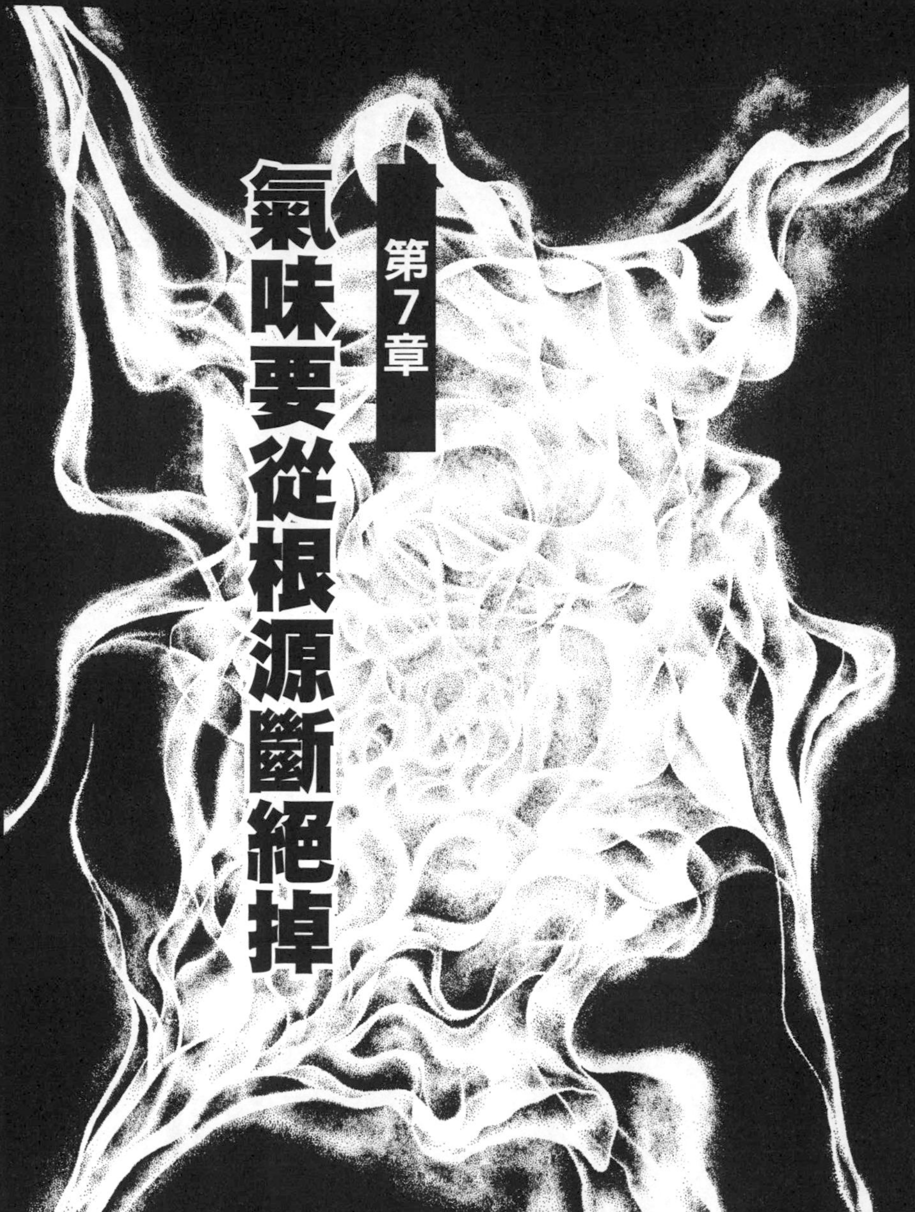

第7章 氣味要從根源斷絕掉

～改善工作方式、去除浪費～

失敗的原因

進公司面試時，我確實和社長講得太有自信了些……
但那時我仍有自信讓ERP系統運作，也從沒想過什麼失敗……
如果現在被 Hanna 開除，確實會損及我的名聲……
而且這個業界這麼小，負面風評馬上就會傳開，我可能會被迫改行做別的工作吧……
………
即使把原因都攤開來看，這次的事情，我也知道已經無法挽救了。
但在這種狀況下離開Hanna既難受又丟臉……
——失敗的責任當然在我……但我不由得覺得似乎在別的方面還有其他的原因存在。

——打造這次的系統時，唐澤從各部門負責人那裡問到了他們的希望，匯整成需求規格書。
NFI
陣內
而NFI的專案經理陣內看到需求規格書後，答應我「一定能夠實現」。

——陣內也同時建議使用目前仍然最暢銷的ERP套裝軟體，以及服飾業用的外掛軟體「Apparel Pack」（AP）。
「AP」這個外掛軟體是NFI開發的，不但能因應服飾業特有的生產方式與銷售方式，據稱也實現了【高等管理會計】的理念。

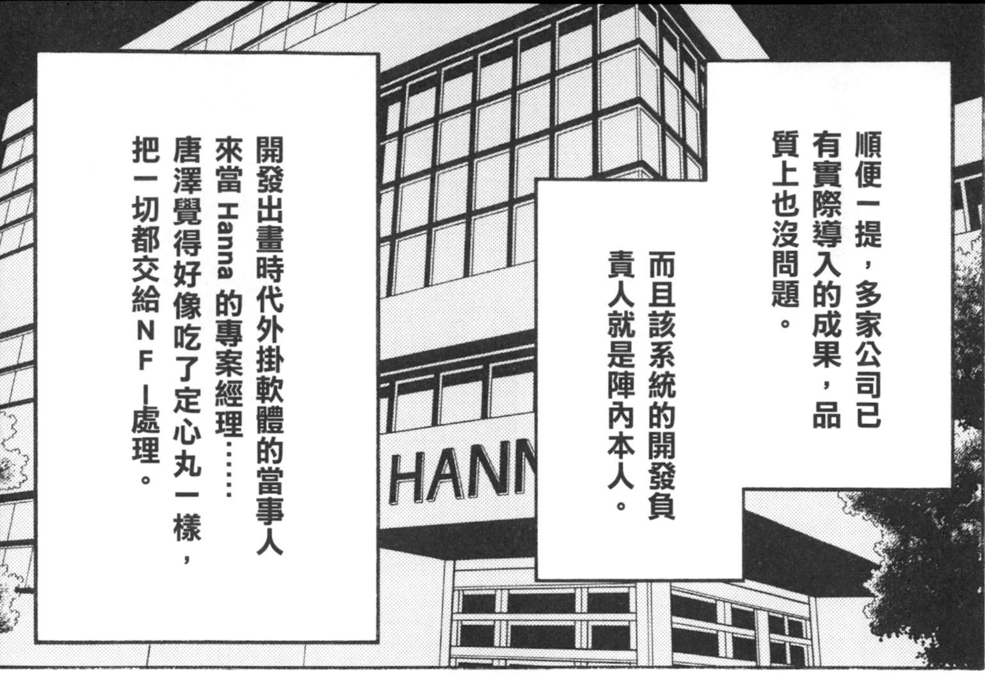
順便一提，多家公司已有實際導入的成果，品質上也沒問題。
而且該系統的開發負責人就是陣內本人。
開發出畫時代外掛軟體的當事人來當Hanna的專案經理……唐澤覺得好像吃了定心丸一樣，把一切都交給NFI處理。
HANN

但結果……
對方卻完完全全背叛了自己的期待。

用語解說

【高等管理會計】

傳統管理會計的大多內容，主要是由美國大型企業在一九〇〇年代初期設計出來的。另一方面，資訊科技的急速發展也同時敦促著管理會計的發展，自一九八〇年代後半以來，作業基礎成本制度、時間基礎成本制度、平衡計分卡等新理論就登場了。

!!
該不會!!!
這時，唐澤的腦中想到一件不該發生的事。
但如果那是事實的話，一切就說得通了。
啪啪
唐澤決定好好研究堆積如山的故障報告，找出真兇。
故障報告

伯恩的葡萄酒廠

法國
這裡是個為城牆所包圍、
依然保留中世紀樣貌、
很有風情的鄉間城市。
由紀呀！
難得有這麼好的機會，我們就好好地享用葡萄酒吧！
媽媽……
不要忘記我是來工作的啊！

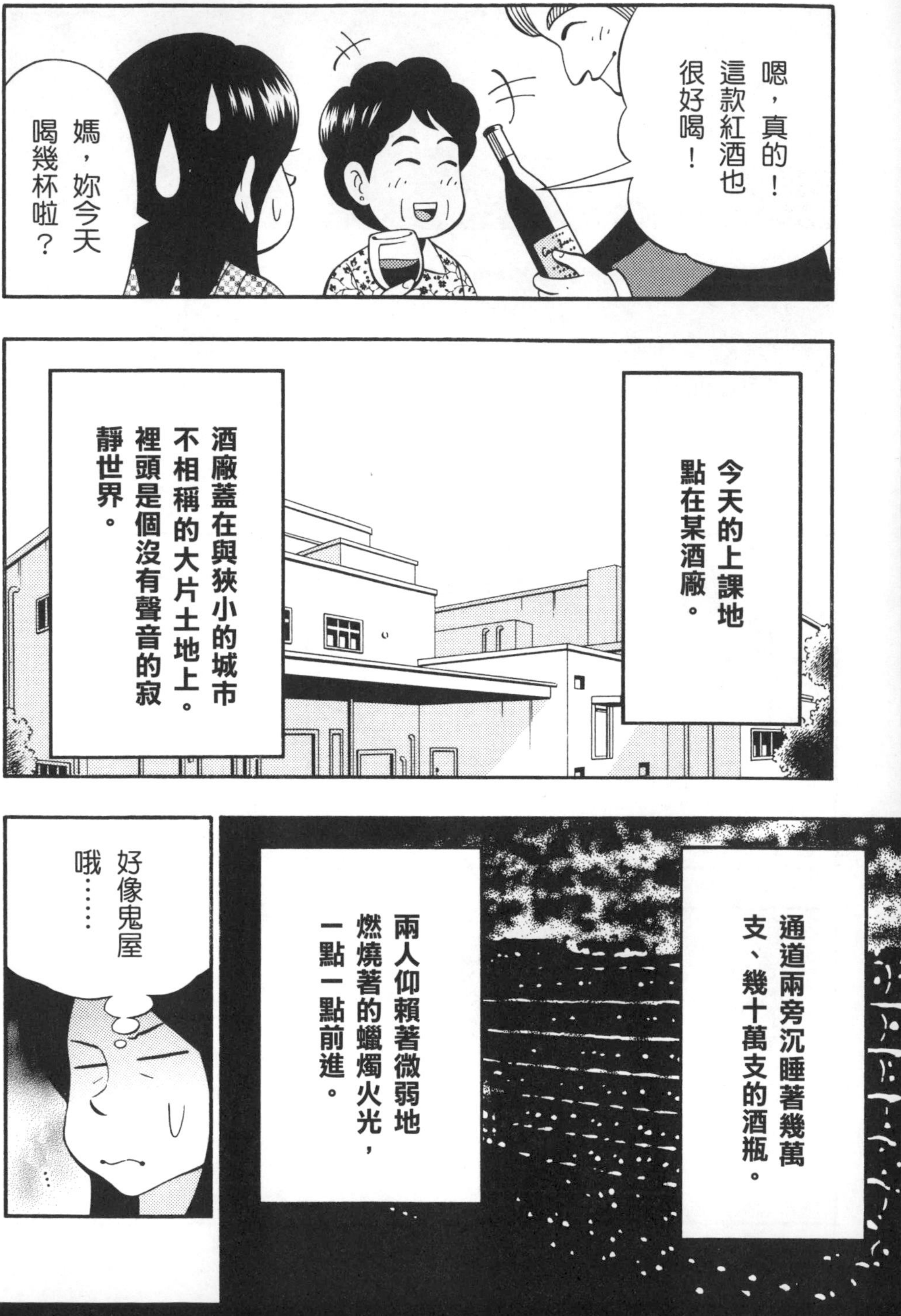

嗯，真的！這款紅酒也很好喝！
媽，妳今天喝幾杯啦？
今天的上課地點在某酒廠。
酒廠蓋在與狹小的城市不相稱的大片土地上。裡頭是個沒有聲音的寂靜世界。
通道兩旁沉睡著幾萬支、幾十萬支的酒瓶。
兩人仰賴著微弱地燃燒著的蠟燭火光，一點一點前進。
好像鬼屋哦……

伯母和由紀小姐，
妳們很有精神嘛！
……
哇
啊
啊
啊

哈哈哈
真不好意思！
我完全沒有惡意啦！
老師！我心臟很不好唷——
哈哈
砰砰跳
砰砰跳
媽，沒事吧！我心臟也快跳出來！
砰砰跳
砰砰跳
呵呵……
?
安曇教授，好久不見了
?
嗨！

他是這個酒廠的員工。
初次見面
以前我曾經提供過這裡諮詢。
哇！好國際化哦！好棒哦！
……
老師！你點的紅酒是這個吧！
謝謝！
這是「高登特級園」，是這家公司生產的最高級紅酒！
最高級!!
哇！好好喝！
媽，妳今天喝太多了唷！
哈哈
哈哈

無法認同的成本計算

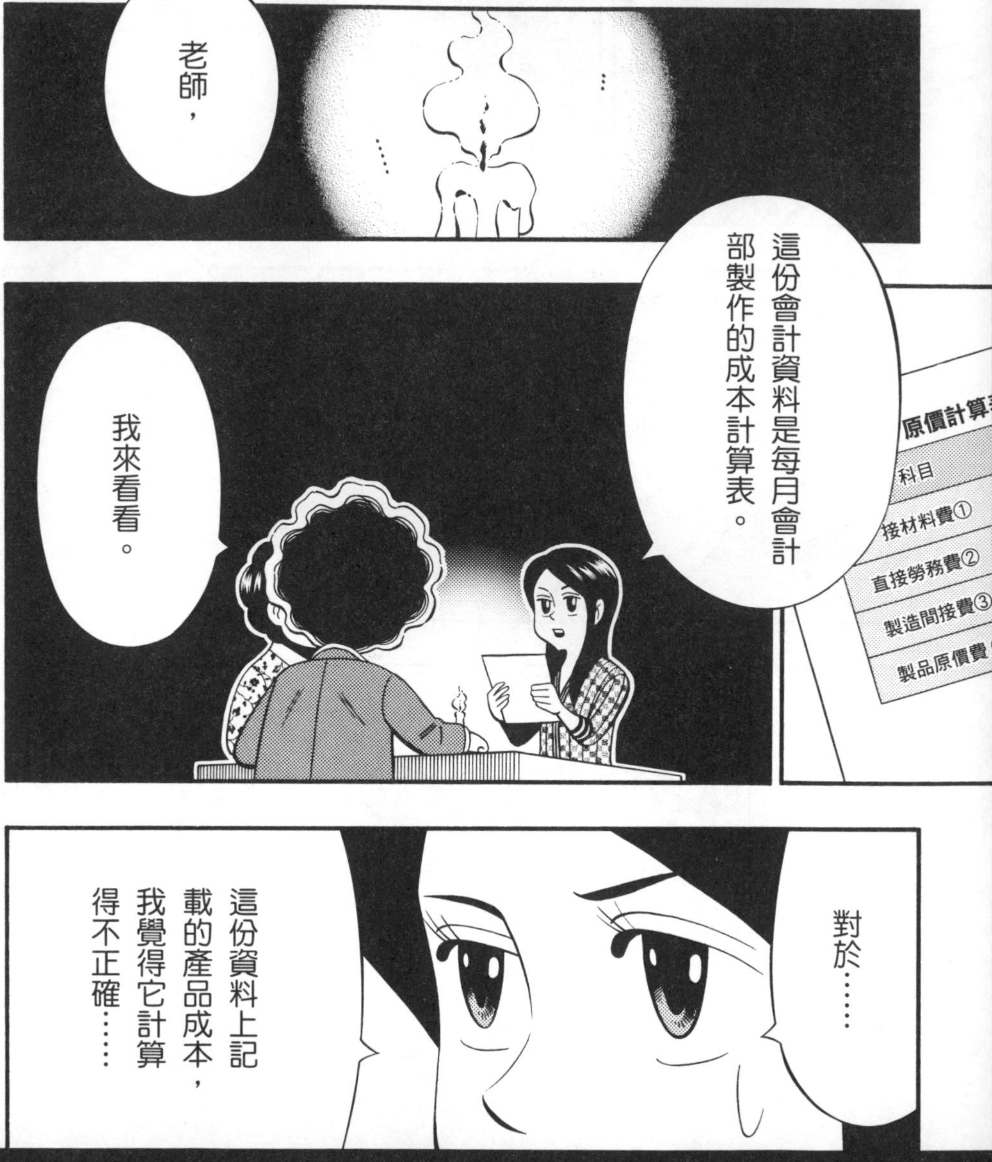
老師，
……
……
這份會計資料是每月會計部製作的成本計算表。
我來看看。
科目
直接勞務費②
製造間接費③
對於……
這份資料上記載的產品成本，我覺得它計算得不正確……

嗯，我看看。

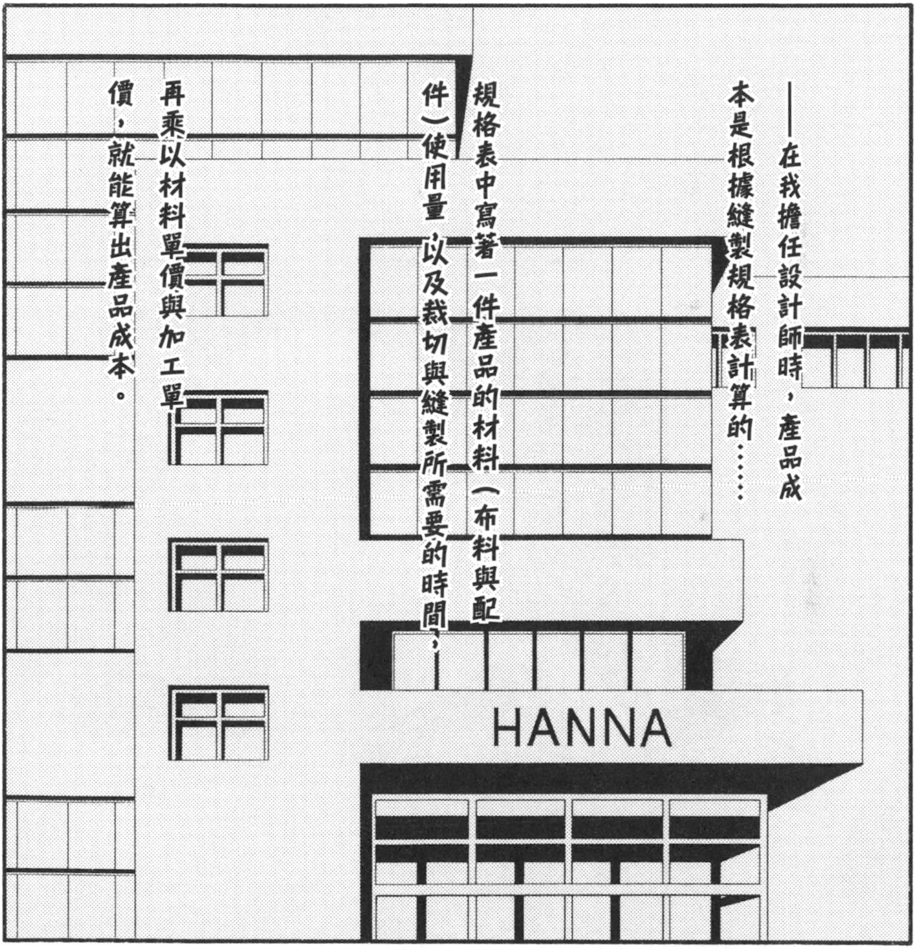
——在我擔任設計師時，產品成本是根據縫製規格表計算的……
規格表中寫著一件產品的材料（布料與配件）使用量，以及裁切與縫製所需要的時間，
再乘以材料單價與加工單價，就能算出產品成本。
HANNA

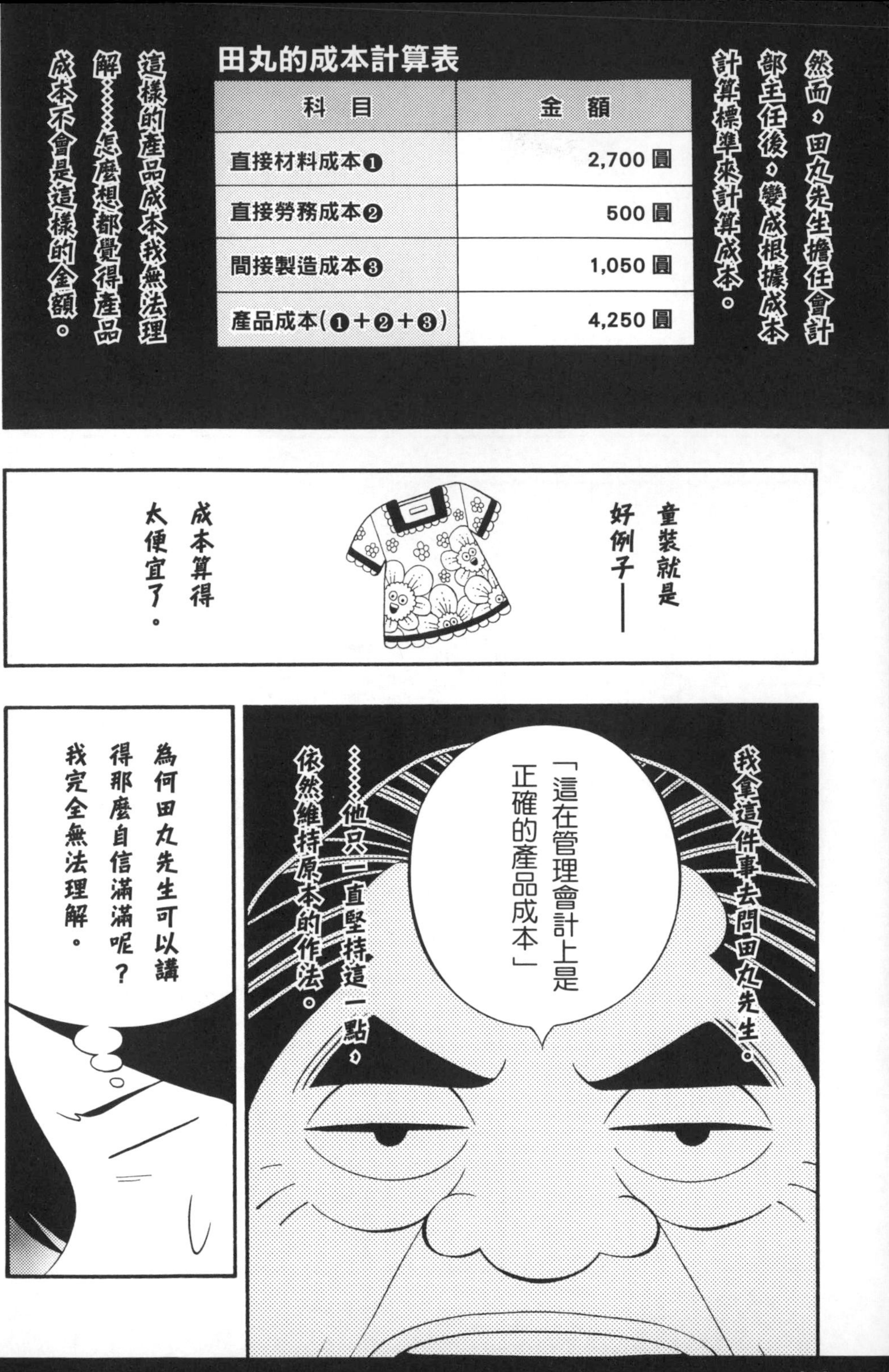
然而，田丸先生擔任會計部主任後，變成根據成本計算標準來計算成本。
田丸的成本計算表

科目	金額
直接材料成本❶	2,700 圓
直接勞務成本❷	500 圓
間接製造成本❸	1,050 圓
產品成本(❶＋❷＋❸)	4,250 圓

這樣的產品成本我無法理解……怎麼想都覺得產品成本不會是這樣的金額。
童裝就是好例子——
成本算得太便宜了。
我拿這件事去問田丸先生。
「這在管理會計上是正確的產品成本」
……他只一直堅持這一點，依然維持原本的作法。
為何田丸先生可以講得那麼自信滿滿呢？我完全無法理解。

如你所知，由紀沒有足夠的會計知識反駁田丸。
即便如此，由紀到製造第一線去看，也知道田丸所計算的成本不可能做出童裝來。
安曇老師……
田丸主任之所以不聽我的意見，是因為我的想法有錯嗎？
妳沒有錯。
妳們公司的會計主任深信，只要照著會計原則去做，就能算出正確成本。

而算出來的就是這張成本計算表。
這是不懂業務的會計人員容易跌入的陷阱。
成本計算表
科目
金額
直接材料成本❶
2,700圓
閃亮
這是以前老師教過我的話……
『會計是規則上堆積起來的虛擬世界』!!
會計部所做的成本計算也一樣，
「計算結果未必就能反映出事實」!!

正確的產品成本，必須對照設計圖，親自到第一線去，逐一累加物品與時間來計算。
會計人員位於遠離工廠的總公司，也不懂製造方面的知識，他們再怎麼計算，也都有個限度。
重點在於……
我不知道到底該怎麼做，才能算出自己能夠認同的產品成本!!
我左想右想，都會想到以前的縫製規格表去。
但那實在稱不上是會計資訊。

為何要計算成本

我問個很基本的問題……
妳為何需要正確的產品成本呢？
！
那是因為……
是因為想知道利潤吧！
說得沒錯！伯母妳很懂耶！
這問題並不難啊！
這杯紅酒也是，如果不知道進貨價格，就無法得知利潤有多少？
…………
……不過，媽……
這家公司是從葡萄開始釀製紅酒的。
一旦要計算紅酒的產品成本，我想可不是那麼容易的事。

兩人說得都對！
要想得知各產品的利潤，就必須先知道各產品的售價與成本。
……營業額基本上是由公司外部（市場）決定。
——相對的，產品成本就必須計算才能知道……
如同由紀小姐所言，要計算產品成本並非易事……
原因就在於，計算方法不一而足。
而且不同計算方法會算出不同產品成本。
產品成本一旦改變，產品的利潤也會改變。

也就是說，
計算成本的目的在於，算出各產品的正確利潤。
正因為利潤會因為計算方式而改變，才必須在公司內部訂定當事人能夠接受的成本計算原則，對吧！
沒錯！
問題在於……
為何我無法認同田丸先生的計算結果？

給妳個提示吧！
假設現在有一件洋裝，
那件洋裝的銷路很好，但計算的結果卻是虧損——這種時候，妳會怎麼想？
啊！
二八法則!!
首先，要努力降低產品成本!!!
沒錯！
但即便妳希望以會計算出來的產品成本為降低成本的切入點，卻還是找不到該從哪裡著手的線索。
就是這樣，我才無法認同田丸先生算出來的結果!!

再把計算正確成本的目的整理一次……
首先，第一個目的在於得知各產品的利潤!!
只要知道這一點，就能知道只要哪些產品的銷貨收入增加，公司整體的利潤就會增加。
而第二個目的在於找出高成本的產品，回溯到其發生原因，採取降低成本的行動（成本管理）!!!
這份成本計算資料是我們會計部加班到深夜才做出來的。
無論這份資料耗費多少成本才做出來，只要對管理工作沒有幫助，就只是白費力氣。

成本的計算方式

這瓶紅酒的成本包括把採收的葡萄拿來榨成汁……
使其發酵……存放在槽或桶內、使其熟成，再經過除渣後裝入瓶中平放……
也就是說，紅酒的成本必須從葡萄、瓶子等材料費，以及到紅酒釀成為止經過的壓榨、發酵、熟成、除渣等過程所花費的所有成本加總而成。

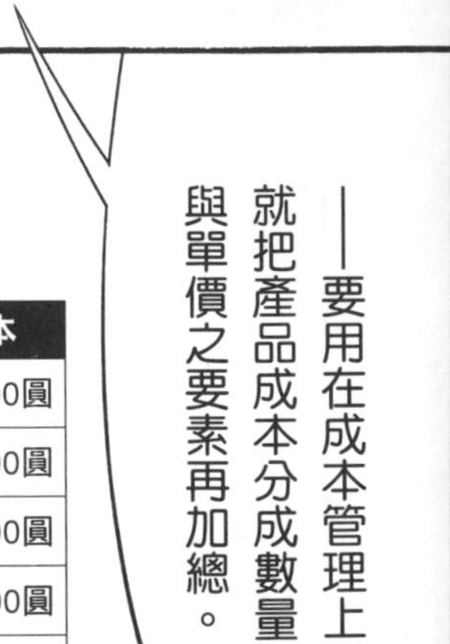
——要用在成本管理上，就把產品成本分成數量與單價之要素再加總。

安曇構思的成本計算表

		所需數量	單位	單價	成本
直接材料成本	布料	1	M	1,000圓	1,000圓
	蕾絲	50	cm	10圓	500圓
	鈕扣	5	個	200圓	1,000圓
	拉鍊	1	個	200圓	200圓
	小計				2,700圓
活動成本	裁切	10	分	60圓	600圓
	縫製	20	分	50圓	1,000圓
	檢查	5	分	50圓	250圓
	小計				1,850圓
產品成本					4,550圓

例如：
衣服的產品成本是由布料與配件等材料成本，以及裁切、縫製、檢查等活動所費之活動成本所構成（產品成本＝材料成本＋活動成本）。

安壘構思的成本計算表

		所需數量	單位	單價	成本
直接材料成本	布料	1	M	1,000 圓	1,000 圓
	蕾絲	50	cm	10 圓	500 圓
	鈕扣	5	個	200 圓	1,000 圓
	拉鍊	1	個	200 圓	200 圓
	小計				2,700 圓
活動成本	裁切	10	分	60 圓	600 圓
	縫製	20	分	50 圓	1,000 圓
	檢查	5	分	50 圓	250 圓
	小計				1,850 圓
產品成本					4,550 圓

而材料成本等於布料或配件的使用數乘上單價。
裁切費是裁切所用時間乘上單價。
縫製費是縫製時間乘上單價。
檢查費是檢查時間乘上單價。像這樣分成不同要素再把成本資料累加起來。

也就是說，
材料成本太高，就表示布料或配件的使用量比縫製規格表上寫的數量要多……
或是材料單價漲了……
而使用量多則不是裁切失誤就是縫製失誤，導致多用了一些布料……
縫製費花費過多則是因為縫製作業比預期中還花工夫……
或者是由於人事成本上漲，而使縫製作業的時間單價增加了！
要進行成本管理，就必須把金額畫分為物量（或時間）以及單價才行。
也就是說，必須詳細收集蟲眼的資訊，才能進行成本管理!!

目的不同的成本計算

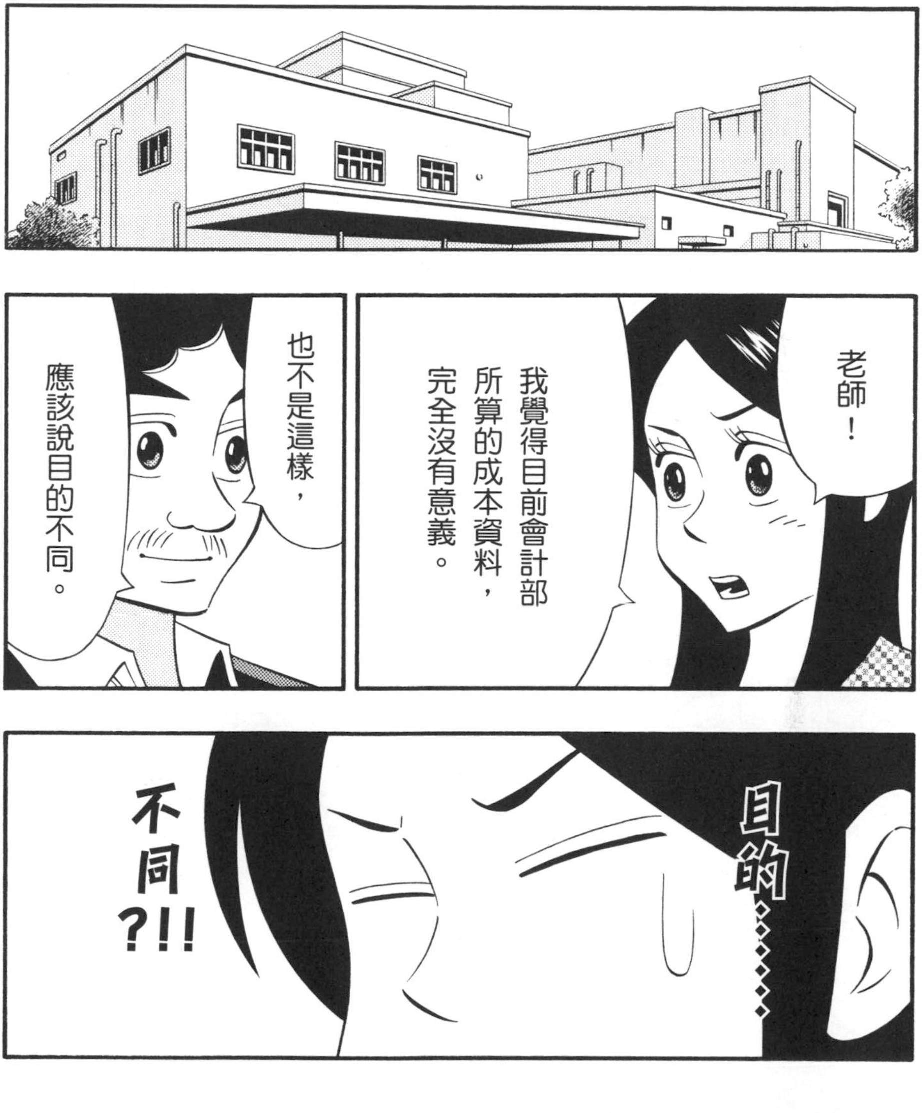
老師！
我覺得目前會計部所算的成本資料，完全沒有意義。
也不是這樣，
應該說目的不同。
目的……
不同?!!

簡單講，會計主任的成本計算是為了算出一個月或一年之類，某一段期間的利潤。
對了，里美女士，妳有在記帳嗎？
!!
不……我家花錢都沒有在細算的……
因為……只要去看存褶，不就知道花了多少錢嘛……
所以媽媽妳才會也存不到錢呀……

可以讓我說明一下原因嗎？
麻煩您了!!

咳！
首先，
一個月所花的金額，只要以上個月底的存款餘額，加上當月收入，再扣掉這個月底的存款餘額，就能夠計算出來。

同樣的，當月完成的產品成本，只要以上個月底的在製品（生產到一半的產品）成本，加上當月發生的成本，再扣掉月底的在製品成本，就能夠計算出來。
（當月產品成本＝上個月底在製品成本＋當月發生的生產成本－月底在製品成本）
計算本月底產品成本的機制，就是妳們公司的會計主任說的成本計算。
……
……

不過是這樣的事……
會計主任田丸所說的「很辛苦」，就只是做了這樣的事而已嗎？
沒錯！
Hanna的會計部只為了區區這樣的事，就花費了大量的時間……
但他們不知道工廠的實際狀況，以及產品成本的內涵。
我還是來記帳好了。
鴉雀──無聲

生命週期利潤

由紀小姐，
假設這瓶紅酒有充分的個別利潤，一個月間的銷售狀況也很好，因此也有期間利潤……
可是…這種二〇〇二年釀造的「高登特級園」紅酒，是否真的為公司帶來利潤，其實沒有人知道唷！
2002
La Pousse d'Or
CORTON
CLOS DU ROI

啊?!

也就是說，
這種紅酒真正的利潤，可說在於從葡萄的採收到目前為止所花費的成本，以及這種紅酒自發售起到現在為止的銷貨收入之間的差額。
這稱之為生命週期利潤。
!!
「生命週期利潤」
Hanna也有完全相同的案例。
去年……Hanna喀什米爾毛衣大暢銷……
由於售價相對上設定得較高，開始發售時的利潤好到讓人無可挑剔。業務部也很積極，向工廠追加下單。
搞不好是虧損也說不定！—當然，這一年份的紅酒，說真的不太可能不賺錢啦！

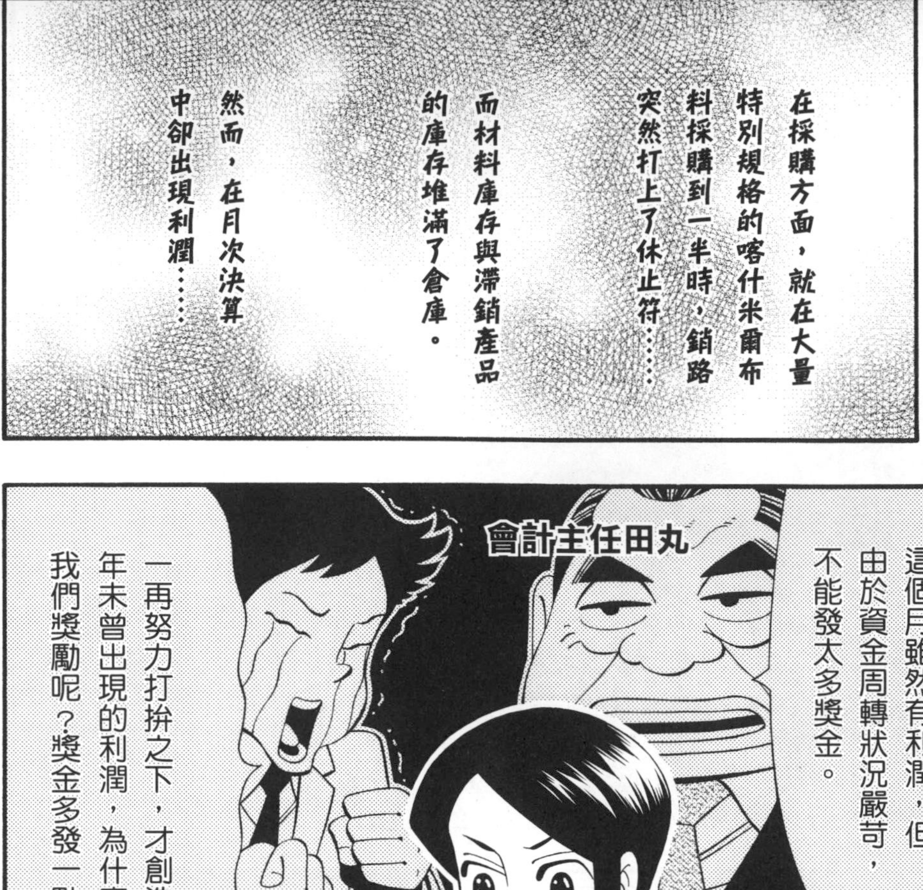
在採購方面，就在大量
特別規格的喀什米爾布
料採購到一半時，銷路
突然打上了休止符……
而材料庫存與滯銷產品
的庫存堆滿了倉庫。
然而，在月次決算
中卻出現利潤……
會計主任田丸
這個月雖然有利潤，但由於資金周轉狀況嚴苛，不能發太多獎金。
一再努力打拚之下，才創造出往年未曾出現的利潤，為什麼不給我們獎勵呢？獎金多發一點啦!!
業務部員工
現實中……
明明個別利潤與期間利潤都是黑字，生命週期利潤卻是赤字……

三種利潤（由紀的筆記）
期間利潤
特定期間（月、年）的利潤
個別利潤
這項產品（紅酒）每瓶的平均利潤
時間流
前前期
前期
當期
生命週期利潤
這項產品自生產出來到今天為止的所有利潤
老師說，生命週期利潤是管理上不可或缺的資訊!!
管理上需要三種利潤資訊
教授，
我們差不多要打烊了。
謝謝你！
那麼！接下來的部分，就等今天傍晚一面享用勃艮地的鄉間料理再一面討論吧！
蝸牛與紅酒燉牛肉很棒唷！

勃艮地的餐廳

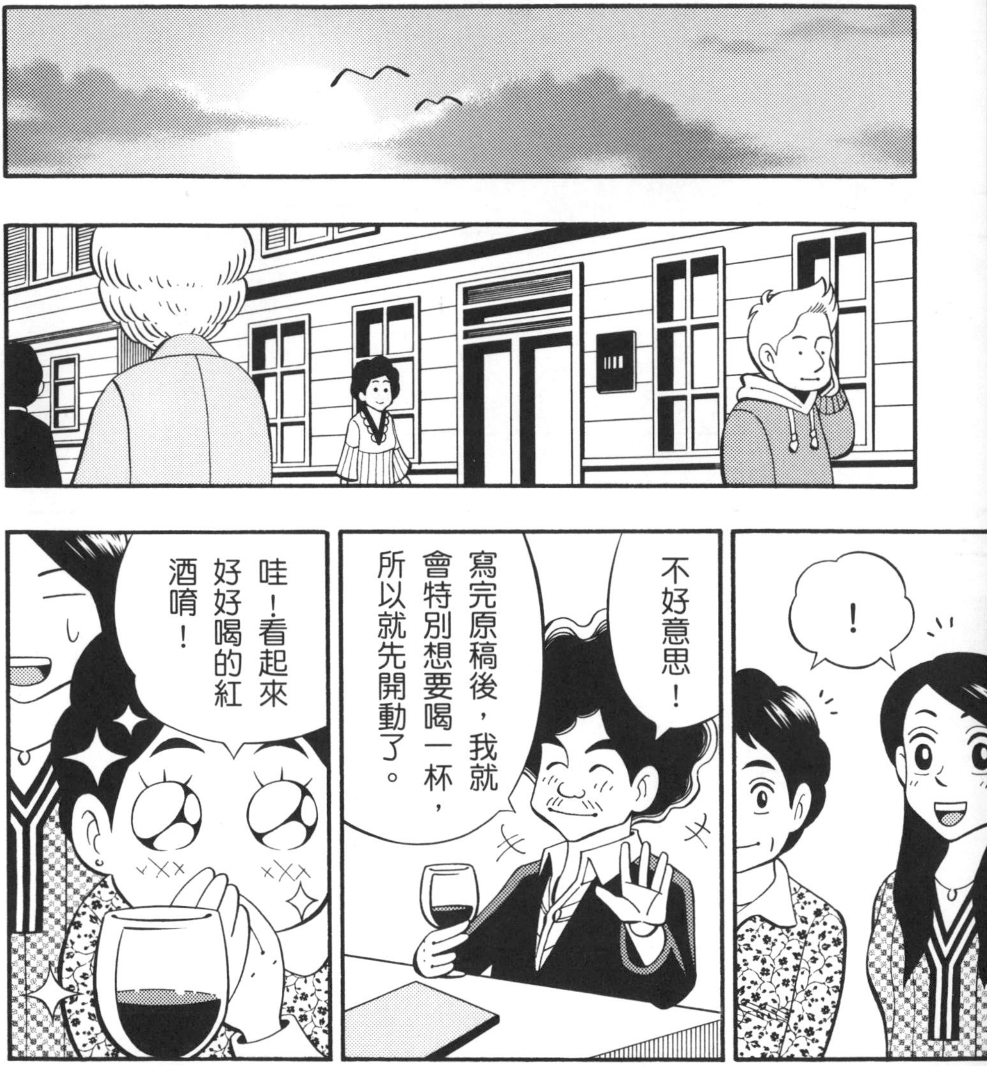
！
不好意思！
寫完原稿後，我就會特別想要喝一杯，所以就先開動了。
哇！看起來好好喝的紅酒唷！

香貝丹
位於伯恩與第戎間的夜丘地方，有許多葡萄園。
尤其是這種紅酒，是以採收自特級葡萄園的葡萄釀成。
2005
安曇滔滔不絕地講個沒完……
安曇老師，這些淵博的知識以後再說，能不能趕快先幫我倒一杯？
抱歉沒注意
媽，妳很沒禮貌耶！
哈哈哈……由紀小姐，妳也來一杯。
老師！在享用美酒前，拜託您給點意見，看看我的想法有沒有錯!!
這是我在飯店畫好的圖!!
咕嚕
咕嚕
那我來看看。
今天還真熱鬧啊——

由紀所構思的
Hanna 的交易體系圖

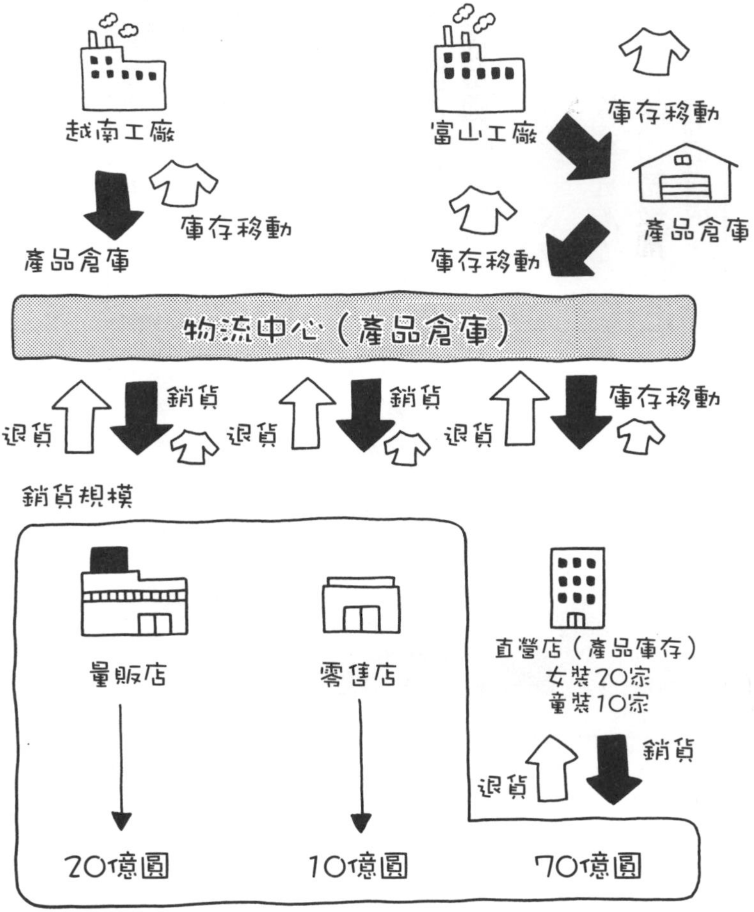

越南工廠
富山工廠
庫存移動
產品倉庫
庫存移動
產品倉庫
庫存移動
物流中心（產品倉庫）
銷貨
退貨
銷貨
退貨
庫存移動
退貨
銷貨規模
量販店
零售店
直營店（產品庫存）
女裝20家
童裝10家
銷貨
退貨
20億圓
10億圓
70億圓

問題點

- ➜ 產品庫存持續上升
- ➜ 物流成本很高
- ➜ 退貨很多

Hanna的事業

順便一提，
燃燒
燃燒
燃燒
由紀希望在這次的旅行中，可以一口氣把 Hanna 面對的問題解決掉。

現在！請讓我說明一下 Hanna 的現況!!
重新來一次！
——首先！女裝與童裝在富山工廠生產，在那裡任何一件衣服都用相同機器、由同一個作業員裁切。

在縫製作業方面，是在不同生產線上由不同作業員進行。完成的產品就集中到位於愛知縣豐橋市的物流中心……
以那裡為物流據點的原因是離富山近，而且剛好位於日本中心位置。
──在越南生產的產品，也經由豐橋港登陸，保管在那裡。

保管於富山工廠、物流中心、直營店的產品，只要一有業務方面的指示，就分別從那裡出貨到直營店、零售店與量販店去……
直營店從北海道到沖繩共有女裝專門店二十家，童裝專門店十家。
全公司在女裝、童裝方面的銷貨有七成來自直營店，剩下的來自零售店與量販店。

──接下來是休閒服的部分，生產是交由位於越南胡志明市郊區的子公司。
布料與配件由日本運去，因此Hanna只付工資，成品再以船運回豐橋物流中心保管。
只要大型量販店的顧客下單，就揀貨出貨!!
咕嚕
咕嚕
啊!

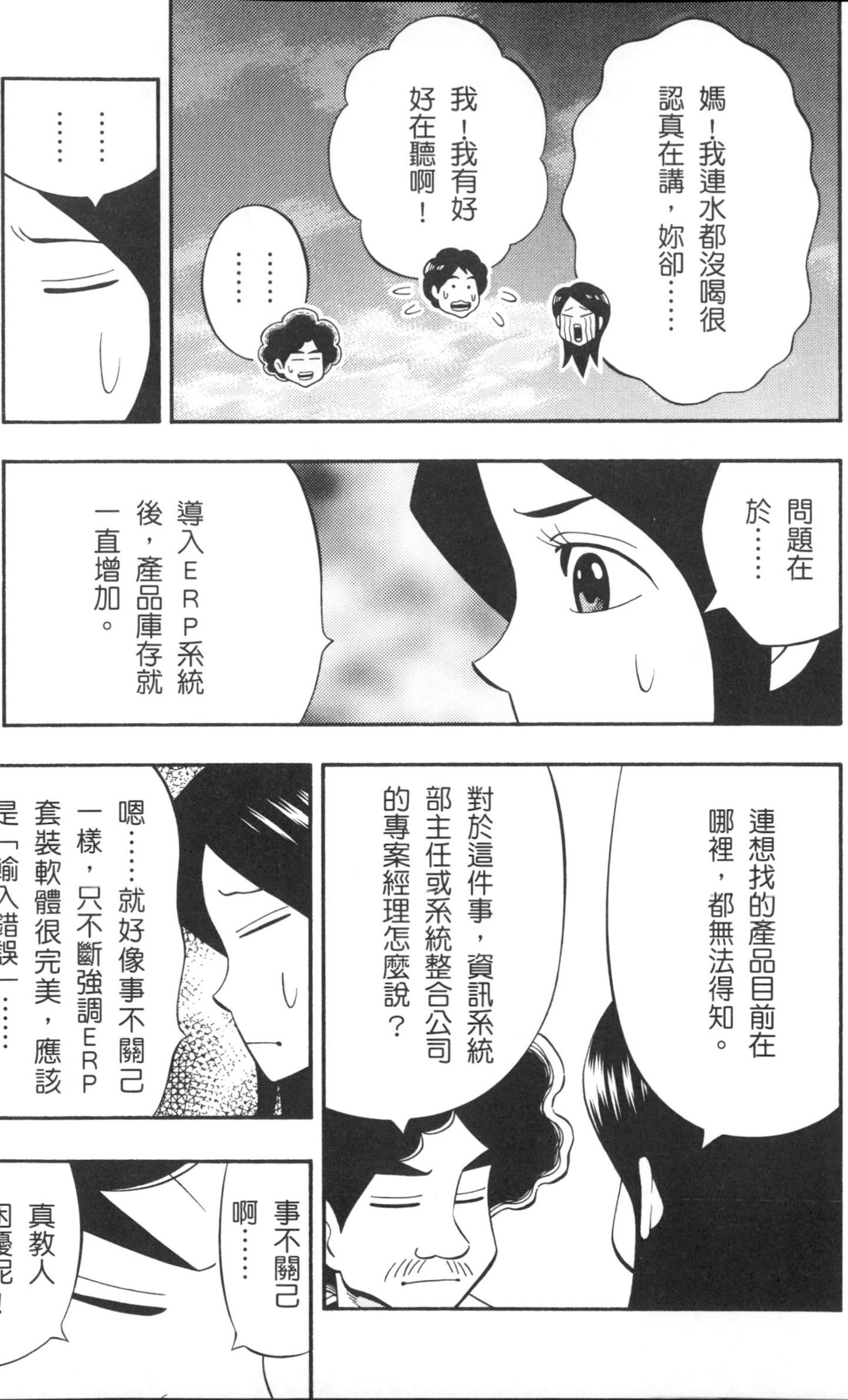
媽！我連水都沒喝很認真在講，妳卻……
我！我有好好在聽啊！
……
……
問題在於……
導入ERP系統後，產品庫存就一直增加。
連想找的產品目前在哪裡，都無法得知。
對於這件事，資訊系統部主任或系統整合公司的專案經理怎麼說？
嗯……就好像事不關己一樣，只不斷強調ERP套裝軟體很完美，應該是「輸入錯誤」……
事不關己啊……
真教人困擾呢！

其他還有什麼問題點？
無法看到顧客的動向……
只有直營店能夠得知是哪些顧客購買我們的產品。
零售店與量販店的銷售狀況，就無法掌握賣掉什麼，又是什麼顧客購買的……
因此庫存不斷增加……
Hanna 的顧客包括在直營店購買的個人消費者，
HANNA
以及零售店與量販店。

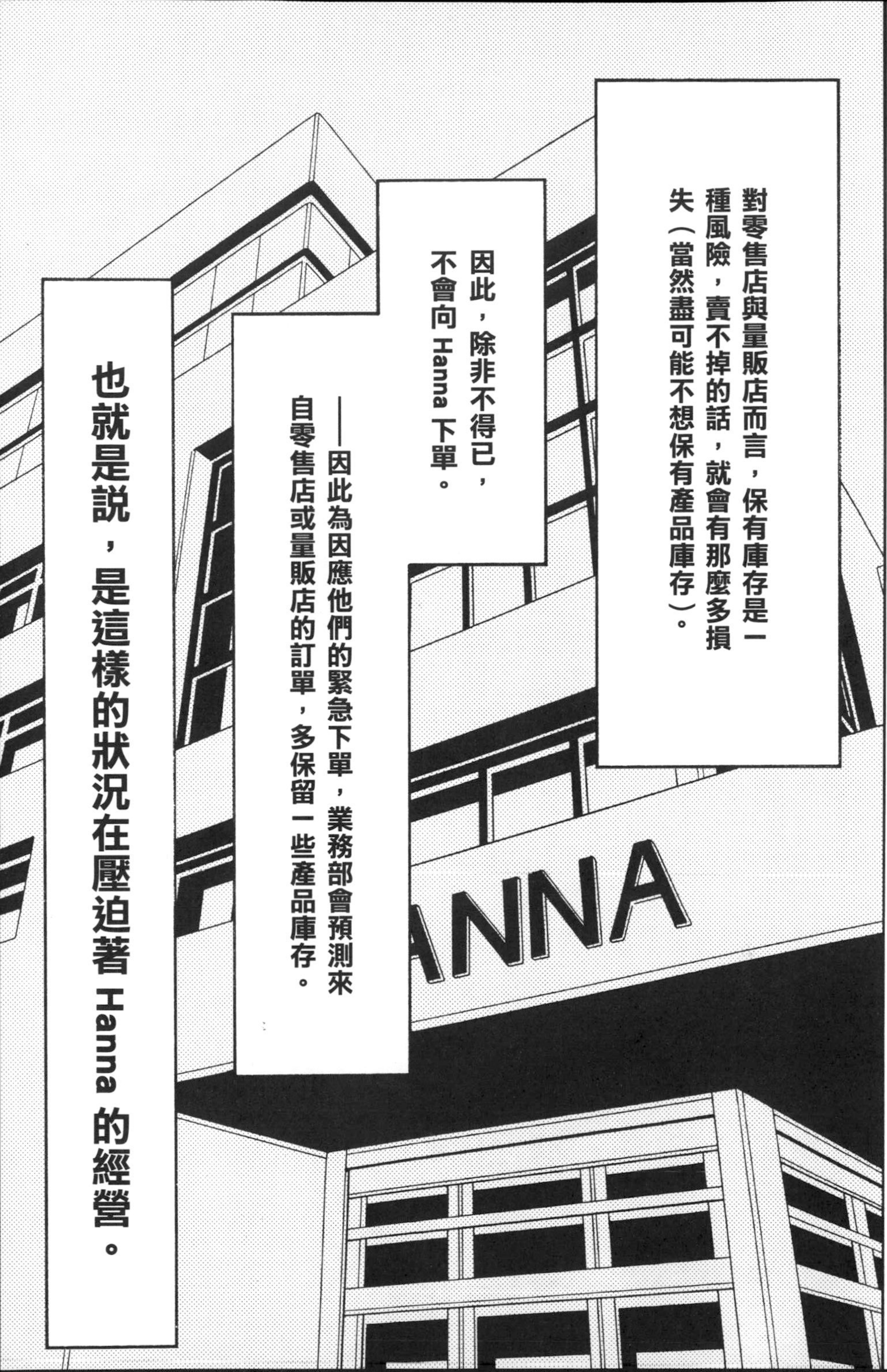
對零售店與量販店而言，保有庫存是一種風險，賣不掉的話，就會有那麼多損失（當然盡可能不想保有產品庫存）。
因此，除非不得已，不會向 Hanna 下單。
——因此為因應他們的緊急下單，業務部會預測來自零售店或量販店的訂單，多保留一些產品庫存。
也就是說，是這樣的狀況在壓迫著 Hanna 的經營。
ANNA

能不能把這些問題講得更詳細一點！
好！
首先，直營店會根據上個月的銷售數字，依照產品別製作當月的銷售計畫。
把計畫銷售數輸入ERP系統後，電腦會調查庫存，下達指示只生產所需數量的產品。

在量販店方面，是由對方下訂單……但實際上對方的採購負責人都只是打電話而已……
量販店原本就不是正規的下單方式，即使Hanna生產了產品，對方也未必會進貨。
至於零售店的問題是，因為簽了委託銷售契約（滯銷品會在換季時大量退貨）。
在那之前的月次決算都還賺錢，卻可能一口氣變成虧損；這樣的狀況並不少見……
接下來是物流的問題吧！
是！

物流成本

公司花了極為龐大的物流成本。
在物流成本中，包括從港口或工廠送到物流中心，以及從物流中心出貨到直營店、量販店或零售店……
還有就是庫存在直營店間移動所發生的運送費。
蝸牛
……可是會計部卻只根據運輸公司的請款單把出貨運費計入銷售費用中而已……
那樣子很粗略呢！
安曇老師，
日本的蝸牛也能吃嗎？
媽！
我要生氣囉

因此……
我要員工木村小姐幫我調查品牌別的物流成本。
她利用請款單與庫存移動單掌握了相當正確的出貨運費。
具體而言有什麼發現？
是！發現了一項事實：從物流中心出貨到零售店的出貨運費金額極大……
原因在於來自零售店小額訂單很多。
——尤其是童裝都是以一件為單位下單，而且很多還請我們用特急件送過去……
另外也發現，不光是出貨運費，寄送業務的人事成本也因而增多。
也就是說，漸漸能夠看到物流成本的內部結構了。
是！沒錯！

我再請木村小姐幫我依品牌別與顧客別計算物流成本。
我想，只要知道這部分的資訊，公司的實際狀況應該可以漸漸看得更清楚。
妳打算用電腦來管理物流成本嗎？
是……
是有這個想法。
那固然是電腦擅長的作業……
但再怎麼收集詳細的資料，
也未必就對Hanna有幫助唷！

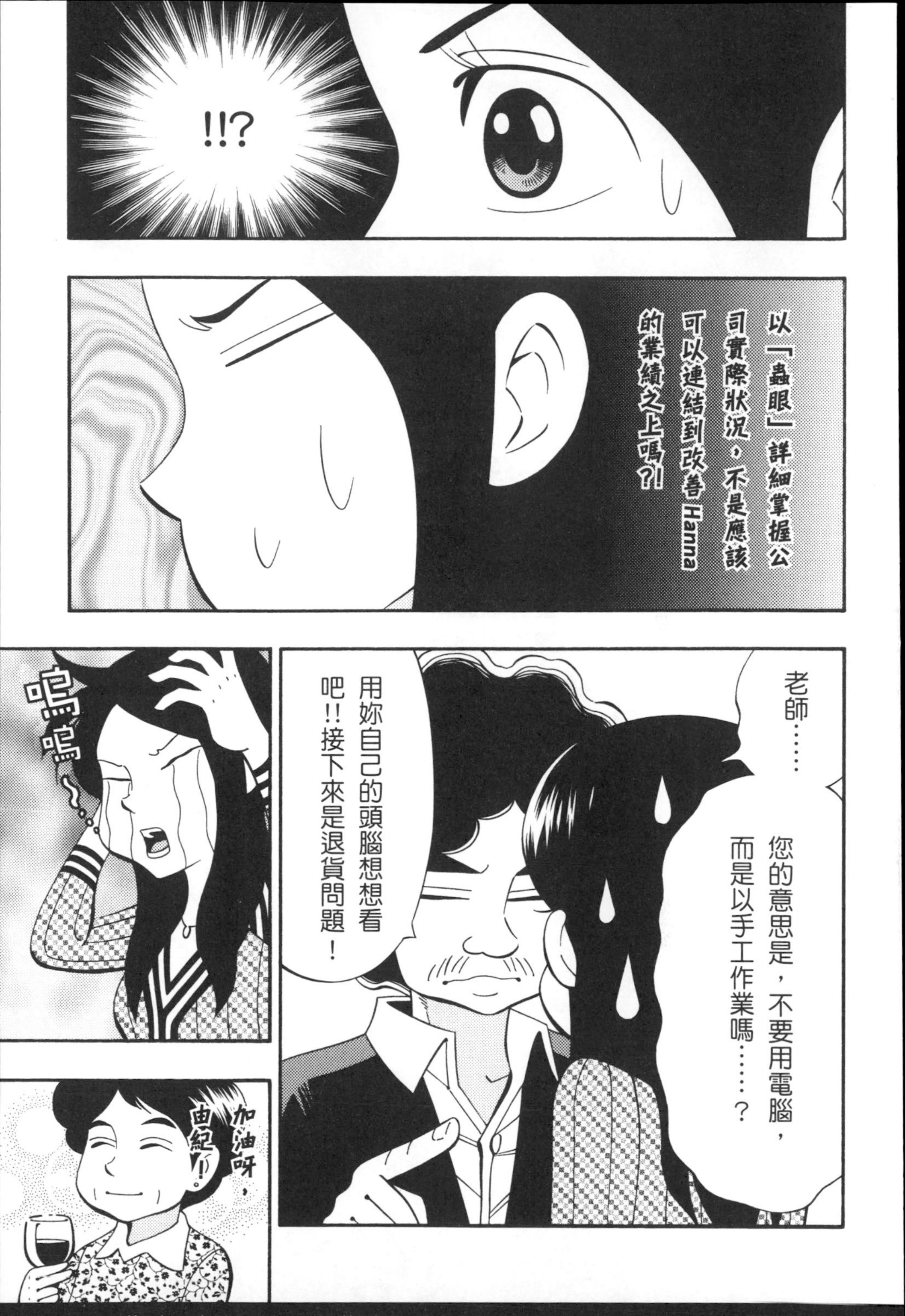
!!?
以「蟲眼」詳細掌握公司實際狀況，不是應該可以連結到改善Hanna的業績之上嗎?!
老師……
您的意思是，不要用電腦，而是以手工作業嗎……？
用妳自己的頭腦想想看吧!!接下來是退貨問題！
嗚嗚～
加油呀，由紀！

退貨的原因

退貨最多的銷售通路是量販店與零售店……
尤其是季節變換之際，量販店會把整箱沒開封的紙箱退還給我們。
由紀對於退貨內容也沒有掌握得很好……
老師……
我們固然知道是哪個顧客退貨給我們，但是是何時銷售的就……
而且，在目前的會計系統下，無法得知被退貨的是哪件產品……
對於這件事，會計部的看法是？
他們說「這不是會計部該解決的問題」……

會計主任確實
說得沒錯……
但他似乎沒有理解
什麼叫管理會計。
妳聽好，所有的原因在於
客戶進貨人員的口頭下單，
以及委託銷售契約上。
如果不改善這部分，退貨造成
的浪費將會永遠重複出現!!

問題點的整理

為何諸如此類的狀況會一再出現呢？

首先是量販店的進貨人員把庫存風險推給了Hanna（不正式下單的話，就拒絕交易）。

零售店也是，只要委託銷售持續下去，他們就沒有庫存風險——因此零售店的採購人員可以輕輕鬆鬆下單。

當然還不只這樣。

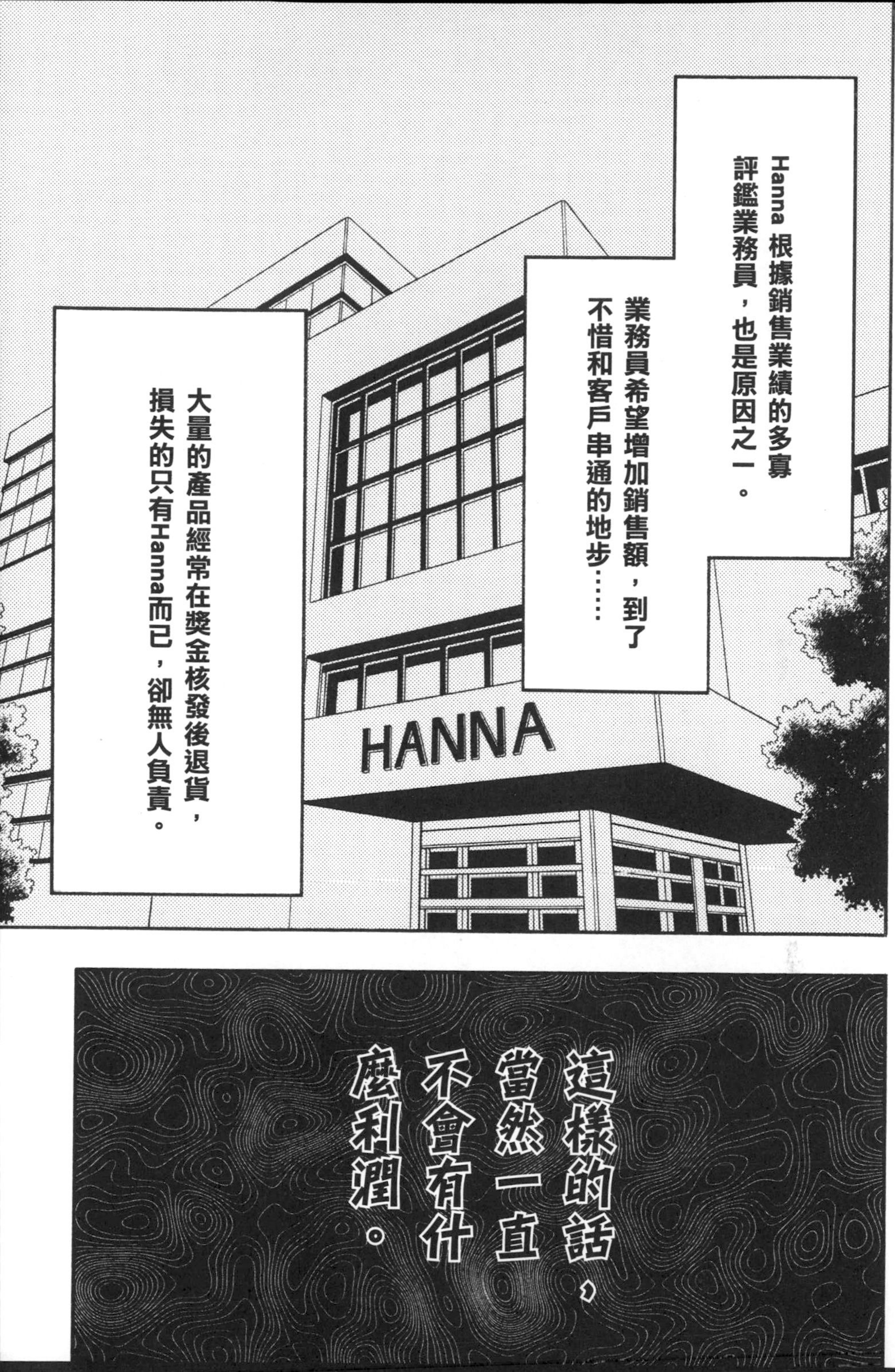
Hanna根據銷售業績的多寡評鑑業務員，也是原因之一。
業務員希望增加銷售額，到了不惜和客戶串通的地步……
大量的產品經常在獎金核發後退貨，損失的只有Hanna而已，卻無人負責。
HANNA
這樣的話，當然一直不會有什麼利潤。

應該改善的問題點有三
①產品庫存持續增加
②物流成本高得異常
③退貨很多
這三個問題點，即使想用電腦管理也只是白費力氣！
沒錯！
沒有比管理這種造成浪費的活動還蠢的事了。
就算你打造再多的電腦系統，也解決不了這種問題。
浪費（的氣味）非得要從源頭開始就斷絕掉不可！

重要的是重新設計機制。
只要沒接到確定的訂單，就不出貨……也要重新審視委託銷售……還有管理會計！特別是該打造責任會計的制度。
這一點能實現的話，公司會變得單純，也會變得不需要規模過大的電腦投資。

即使收集詳細資料，也未必有助於管理……
浪費的根源要徹底斷絕才行!!!

妳似乎看出解決之道了呢！
是！我會努力的！
那麼……明天到葡萄園去看看吧！
夜丘是全球最頂級葡萄酒的產地唷！♫
哇——好棒！
我好期待明天呀！
……

安曇教授的解說園地

【BPR】

BPR（企業流程再造，Business Process Reengineering）是在一九九三年，前麻省理工學院教授麥克・韓默（Michael Hammer）與管理顧問詹姆斯・錢辟（James Champy）的共同著作《企業再造》成為全球暢銷書後，才變得廣受人知的。

他們把事業流程定義為「對顧客產生價值的一系列活動」，並把再造定義為「為大幅改善成本、品質、服務、速度之類現代的重大績效標準，徹底重新思考事業流程、再徹底重新設計」。

他們那本書中，提到了一個關於福特汽車的有趣故事。

一九八〇年代初期，福特公司研究了刪減間接成本與管理成本的方法。當時，福特公司應付帳款的付款部門，有五百名以上的員工，該公司希望能夠減到四百人。

福特公司採購零件時，採購部會把採購單送到零件製造公司去，並把複本送交付款部門。同時，零件製造公司會把請款單送交福特公司的付款部門。付款部門會檢查採購單的複本、驗收單，以及來自業者的請款單，如果沒有問題，就付款（297頁解說圖表上半）。

也就是說，福特公司為了「採購單複本、驗收單，以及業者的請款單會不會不一致」這種幾乎不可能發生的狀況，就用了五百人以上的員工來做這件事。

不過，當時福特投資的馬自達汽車，卻只用區區五人完成付款業務。

這讓福特深受打擊，重新將付款流程徹底調整為接下來這樣（參見297頁解說圖表）。

採購部門的負責人送訂單到零件製造公司時，同時將訂單輸入線上資料庫。零件製造公司把零件送到收貨窗口。到貨時，收貨窗口會查詢電腦終端，檢查所收取的零件與資料庫中登錄的「已下單、未到貨零件」是否一致。一致的話，收貨窗口的作業員就收下零件，並在資料庫中輸入「零件已到貨」。收取零件的發票記錄在資料庫中，到期前電腦會自動開支票給交貨的業者。相對的，如果零件與資料庫中未到貨的零件不一致，窗口的作業員就不收取零件，送還給交貨業者。

一言以蔽之，福特公司把付款時間從「收到請款單時」變更為「收到下單的零件時」。付款流程變更後，就不需要請款單，而且檢查採購單複本、驗收單以及業者送來的請款單這種無價值的活動，也消失了。結果，付款部門的員工減少到一百二十五人。

也就是說，藉由以資訊科技整合資料，就能夠徹底改變付款流程了。韓默等人主張，「在流程再造中，資訊科技是不可或缺的要素。沒有了資訊科技，流程會無法再造」。

【BPR與ERP】

其後進入一九九〇年代，經營朝全球化發展，企業間的競爭白熱化，

解說圖表　福特公司的BPR

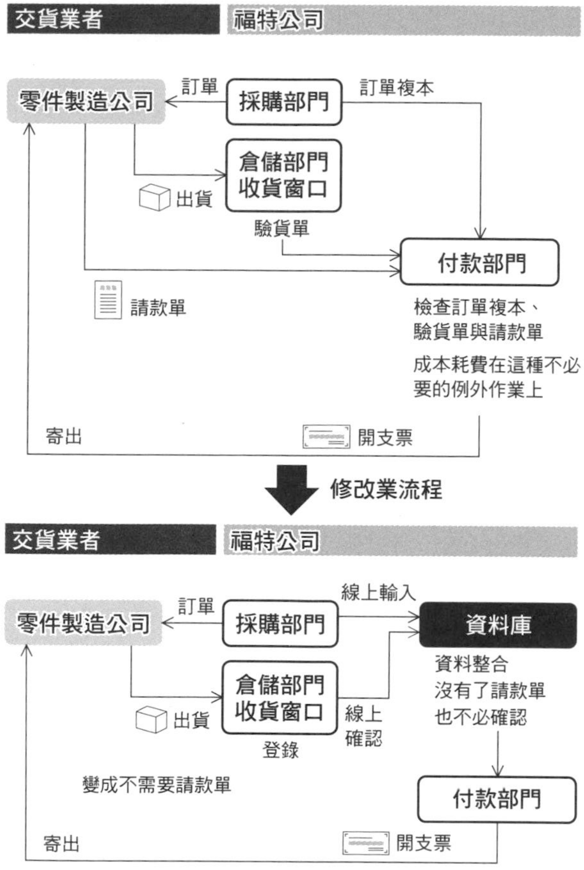

交貨業者
福特公司
零件製造公司
訂單
採購部門
訂單複本
倉儲部門
收貨窗口
出貨
驗貨單
付款部門
請款單
檢查訂單複本、
驗貨單與請款單
成本耗費在這種不必
要的例外作業上
寄出
開支票
修改業流程
交貨業者
福特公司
零件製造公司
訂單
採購部門
線上輸入
資料庫
資料整合
沒有了請款單
也不必確認
倉儲部門
收貨窗口
出貨
線上
確認
登錄
變成不需要請款單
付款部門
寄出
開支票

BPR擴及於全世界。如同韓默等人的主張，進行BPR時，少不了要運用資訊科技整合全公司業務資料的資訊系統。ERP套裝軟體，急速普及為用於實現BPR的方法。

據說，ERP套裝軟體累積了來自於許多實際導入成果的「最佳實務作法」。因此，接連有許多企業經營者覺得，只要導入ERP套裝軟體，自己也能夠實現BPR。

不過，只要看看福特公司的例子就能清楚知道，應該看成**先有BPR，才有ERP套裝軟體充當用於實現它的工具。**

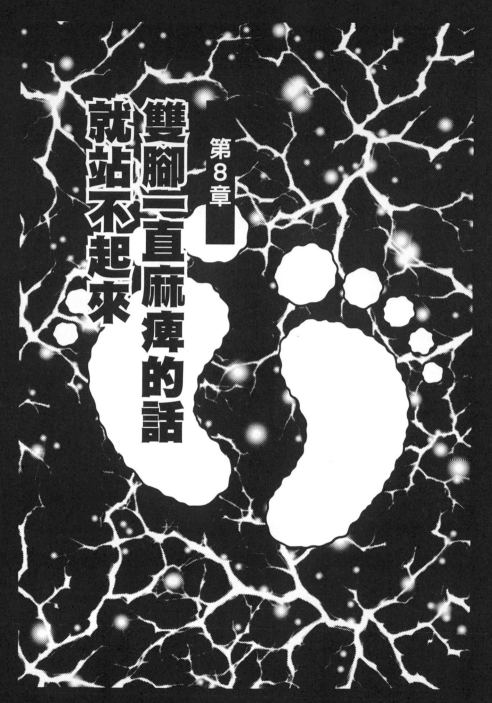

第8章
雙腳一直麻痺的話 就站不起來

~兩種預算責任~

故障報告

果然有古怪之處。
絕對有問題……
——唐澤詳細研究至今發生過的所有故障報告。
要回頭研究為數這麼龐大的故障狀況並非易事。
故障報告書
故障報告書
故障報告書
一張一張讀過去，他漸漸發現所有故障都偏向一個地方。

首先，ERP套裝軟體的基本功能全無問題。
從接單、材料調度、生產、出貨、請款到回收貨款為止，一連串的業務系統與會計系統，都沒有發生過任何故障。
稱得上問題的故障，幾乎都來自於直營店產品庫存的收付、出貨運費算錯、在製品的作業進度、時間的實際數字之收集，以及與這些項目相關的會計分錄。
每一樣都來自於NFI所提供的外掛軟體「AP」，以及在這次的專案中新追加製作的程式。

就算追加程式的臭蟲無可奈何，但市售的「AP」竟然潛藏大量臭蟲，實在無法理解……
現實中一定有哪裡發生了不容發生的狀況……
NFI的陣內先生對於自己開發的服飾業用外掛軟體「AP」相當自豪……
尤其是作業管理，他說那是「AP」的賣點……
哎呀，唐澤先生！
哈哈哈
只要用了它，就能即時得知目前產品在何種作業中生產了幾件了唷!!
但現實中……
富山工廠的生產管理負責人，並不信任電腦資料，都是自己親眼確認……

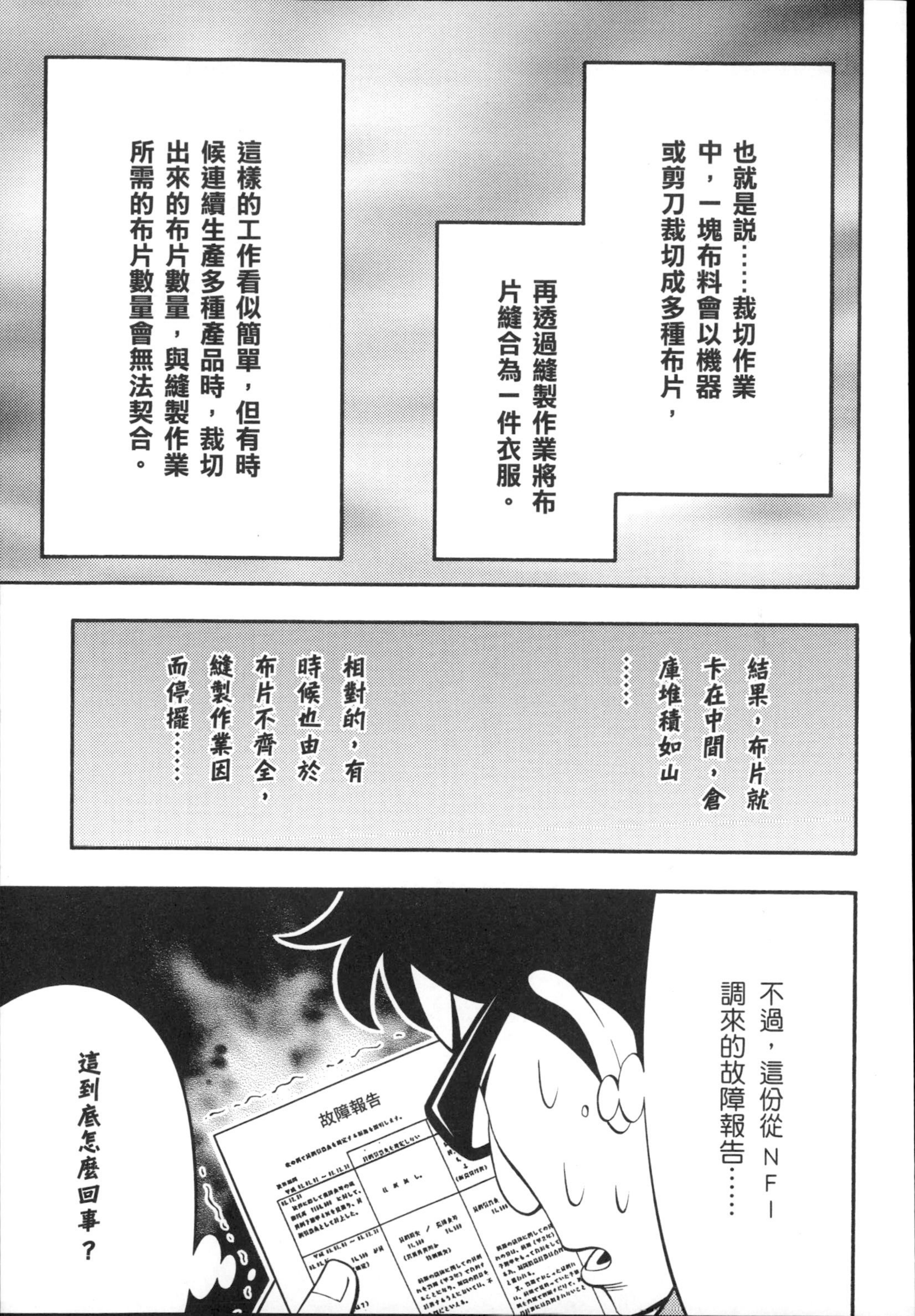
也就是說……裁切作業中，一塊布料會以機器或剪刀裁切成多種布片，
再透過縫製作業將布片縫合為一件衣服。
這樣的工作看似簡單，但有時候連續生產多種產品時，裁切出來的布片數量，與縫製作業所需的布片數量會無法契合。
結果，布片就卡在中間，倉庫堆積如山……
相對的，有時候也由於布片不齊全，縫製作業因而停擺……
不過，這份從NFI調來的故障報告……
故障報告
這到底怎麼回事？

這簡直像是……
故障報告
抖
抖
抖
目前在Hanna發生的故障，也有如家常便飯一樣在其他公司發生……
也就是說……
NFI為服飾業開發的「AP」（充當ERP套裝軟體的標準外掛軟體），並未正常運作……
而Hanna的電腦系統中，加裝了這套潛藏大量臭蟲的外掛軟體「AP」，就直接上線使用了……
既然已經開始使用，外掛軟體「AP」的相關責任，就變成不在NFI身上，追加成本也變成由使用者Hanna來負擔。

也就是說，
對方騙我買下未完成的外掛軟體「AP」!!!
裂…
陣內帶著未完成的「AP」來找Hanna，
希望利用Hanna的專案幫他完成「AP」。
裂
裂…
當然，像NFI那樣的大公司，不可能全公司一起把未經過系統測試的產品拿來銷售……！
但如果說開發人員為隱蔽開發延遲的狀況
而推銷未完成品……企圖在顧客出錢下完成剩下部分的話，一切就說得通了!!!

Hanna著著實實中了陣內所設下的陷阱了!!!!
破裂
故障不光是「AP」而已，追加設計的庫存管理程式也有問題。
以前……在建構系統時，業務部主任真鍋曾經要求「希望能夠有可以馬上查出某件產品所在位置的功能」。

對於他的要求，陣內回答「輕而易舉」，但答應之後到現在，系統依然動不了……
還有另一個問題是出貨運費系統。
尤其是從物流中心送到零售店的「宅配便」運費，扯了業績的後腿。
現況是……
出貨運費只當成銷售費用處理，沒有分成品牌別。
如果……能打造出一個出貨運費可以自動依產品別或顧客別加總的系統，就能夠馬上得知哪家零售店的運費較多了。
就是因為這樣才下單設計出貨運費系統的。
但結果，系統算出來的出貨運費，卻無法驗證是否與運輸公司實際送來的運費請款單一致。

我本來以為，這次失敗的原因在於 Hanna 公司這裡提出太多任性的要求，但似乎不是這樣……
我這樣重新看過故障內容後，發現問題的原因幾乎都來自於NFI那邊……

唐澤也多次閱讀過需求規格書，因此
Hanna 與 NFI 間的責任範圍變得模糊，
沒有理由向 NFI 追討追加成本……
可是……

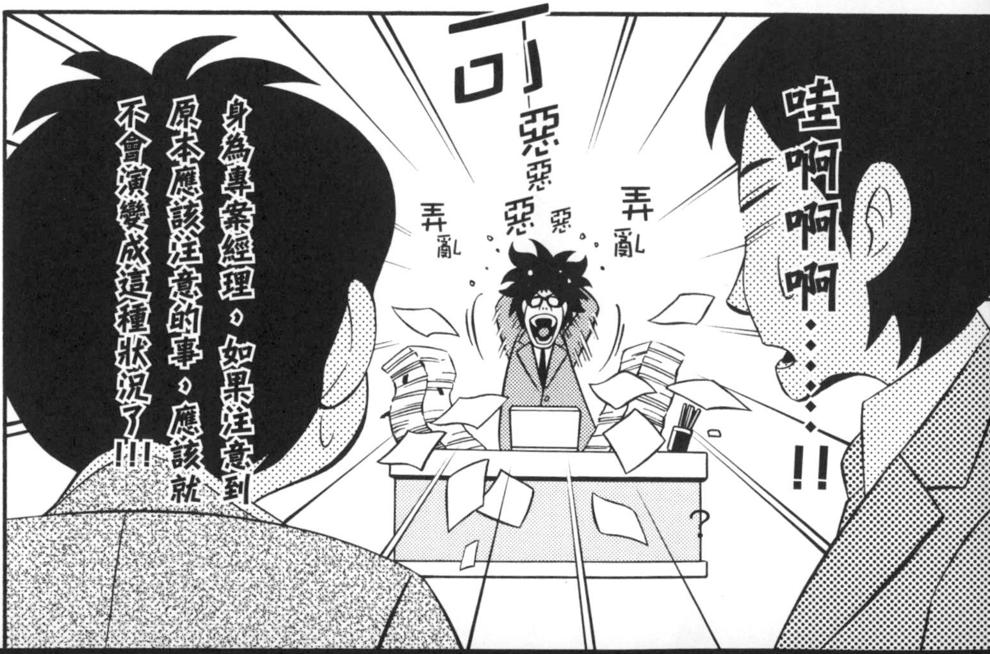
哇啊啊啊……!!
可惡惡惡惡
弄亂
弄亂
身為專案經理，如果注意到原本應該注意的事，應該就不會演變成這種狀況了!!!

夜丘的葡萄園

正如妳們二位所知，勃艮地這裡是有名的葡萄產地。
而夜丘這裡的葡萄園，可以說尤其棒！
不同的葡萄園，味道怎麼說都完全不同！
妳們看！那邊那片就是知名的羅曼尼・康帝的葡萄園!!
它的旁邊是塔須，那邊的是埃雪索。
噢噢！連香貝丹都有呢!!
老師好像很開心！

眼前的葡萄園，可以釀造出一瓶幾萬圓到幾十萬圓的葡萄酒呢！
哇～
為何只是葡萄園略有不同，味道就不同呢？
閃亮
那是因為排水狀況、溫差、土壤的不同，以及其他各種因素加在一起造成的。
即使是同一莊園裡採收的葡萄，也會因為釀造者的不同而有不同風味!!
……
會差那麼多嗎？

差得可多了！
有能力的釀造者所釀的葡萄酒，有一種不靠任何人的自我主張，既有風格也有個性。
平庸的釀造者就無法引出素材的價值……
這一點，企業的人才也一樣!!
平庸的釀造者……
是在說我吧！
哎呀，這個嘛…
老師！
我這次想向您多學一點！
您可以空出時間來給我嗎？
當然！明天在摩納哥、尼斯那裡有會議，會後從傍晚開始來上課吧！
尼斯……那裡也有我嚮往的蔚藍海岸以及馬諦斯與夏卡爾美術館耶！

隔天，前往摩納哥——
媽，差不多要到囉！
哈哈哈

亞蘭·德倫的「陽光普照」，
那時他好帥哦～♡
啊！林田先生嗎？
這麼突然不好意思，我決定出差要延長兩天。
然後在這期間，你可以幫我查查如果停止零售店的銷售，會有多少影響嗎？
社長打算停止零售嗎？
!?
我會聽你的報告後再決定。

我知道了！在您回來之前我會先查好！
林田先生，
嗯？
唐澤先生感覺如何？
他好像愈來愈消沉了。
因為他每天都被田丸主任欺負。
……
林田先生……拜託你不要太過苛責唐澤先生好嗎？
呵呵呵……現在唐澤如果辭職的話，那兩億圓的投資可就成為泡影了呢！

在尼斯的晚餐

在法國，我從老師那裡學到很多。
我也漸漸了解到公司的問題所在了……
而所有員工也開始感覺到危機。
不過，問題在於員工們目前正是最疲勞之時，也一直看不到問題獲得解決的盡頭在哪裡……
人工作業頂多只能再持續兩個月了……

明明必須早一刻讓公司脫胎換骨的，公司卻無法發揮它身為系統的功能，成效也完全沒有顯現……
Hanna公司現在……處於一種做什麼都出不了力的狀態。

責任與鬥志

由紀呀！出不了力，是不是和一直跪坐著一樣，腳都麻掉了？
很好的比喻！

就像伯母說的，妳們公司的神經沒打通。
神經……
妳聽好……讓公司動起來的不是機器設備，也不是電腦。
公司是人的集合體。
就是因為每個員工都沒有打通一條稱為「責任」的神經，公司才會出不了力，也不能發揮身為系統的功能。
到底該怎麼做神經才會通呢？
重點在於責任預算制度。
!?
責任預算制度?!

預算有直接責任與基本責任兩種。
要把這兩種責任建到公司組織中。
要建立責任預算……
對了，里美女士……以前妳會無限制地給由紀小姐零用錢嗎？
預算和零用錢有什麼關係?!!
沒有這回事，零用錢每個月只有三千圓。對吧！由紀。
有到三千圓那麼多嗎？
重點就在這裡！
!?

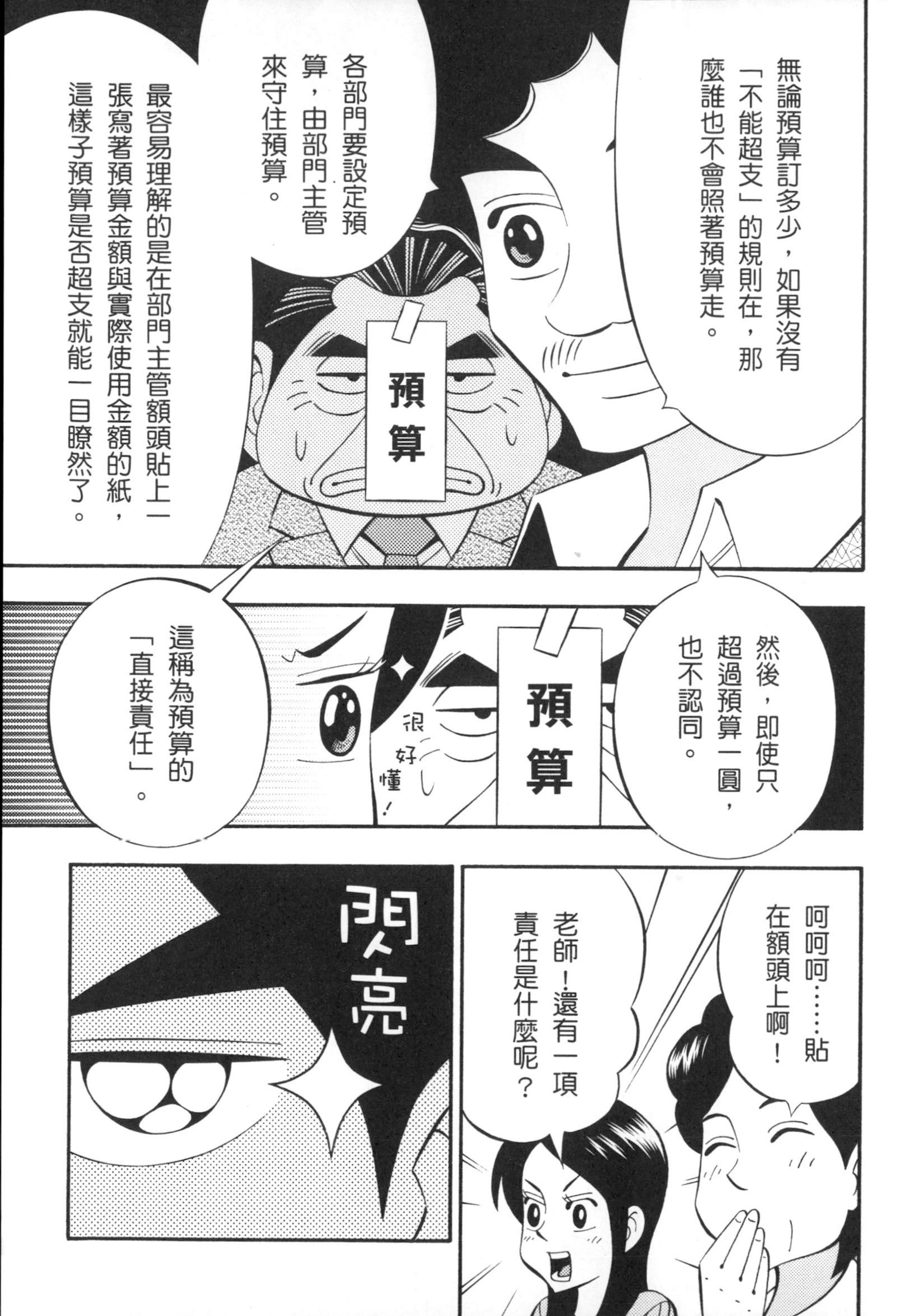
無論預算訂多少，如果沒有「不能超支」的規則在，那麼誰也不會照著預算走。
各部門要設定預算，由部門主管來守住預算。
最容易理解的是在部門主管額頭貼上一張寫著預算金額與實際使用金額的紙，這樣子預算是否超支就能一目瞭然了。
預算
然後，即使只超過預算一圓，也不認同。
預算
很好懂！
這稱為預算的「直接責任」。
呵呵呵……貼在額頭上啊！
老師！還有一項責任是什麼呢？
閃亮

里美女士……以前您的先生源藏很喜歡日本酒吧！
而且他只喝「溫爛」的酒而已。
嗯……沒錯！只要有一點燙，他就會變得不開心。
那個！……
「溫爛」是什麼啊？
日本酒會因為溫度的不同而有不同風味。
例如，人的皮膚若為35度，「溫爛」就大約是40度。
而「上爛」是45度、「熱爛」大約50度。
妳父親喜歡喝「溫爛」的酒。
40度唷！
每次去料理店，一定都會指定「溫度要40度」。
在我們家都是這孩子負責熱酒的。
那時根本不懂意思！

這樣呀……由紀小姐負責熱酒……
對了，那掌管火鍋的又是誰呢？
是我先生？
要吃高級和牛的壽喜燒時就累人了。
那麼，管錢的呢？
錢……是我管的……
？
不懂老師問這問題的意思……
由紀小姐……所謂的「基本責任」就是……
應該要完成那項工作的責任。
熱酒的人要負責把酒維持在40度……管鍋的人要負責平均分配鍋裡的料……管錢的人要好好管理金錢，不要亂花。

組織的負責人也一樣!!
……
唔……
有一種極其理所當然的感覺……
老師……如果基本責任不明確，會發生什麼問題呢？
首先，每個人在工作時都會出現惰性，
而組織的神經就會阻塞了！
!!
那麼，基本責任的定義如果有誤呢？
好問題！
假設把業務員的基本責任定為「增加銷貨收入」。

他們會無視於什麼利潤，只想著要增加銷貨收入而已……
即使是不能信賴的對象，也會亂降價，甚至違法付給對方回扣。
也會出現那種只為了提高銷貨收入，一切不擇手段的業務員吧！
!!
真奈美做給我的品牌別損益表中，邊際利潤是從毛利扣除銷售活動中直接使用的成本後的利潤……
老師！
業務員的基本責任是「邊際利潤」嗎？
沒錯！
邊際利潤才能呈現出業務員對公司貢獻的結果！

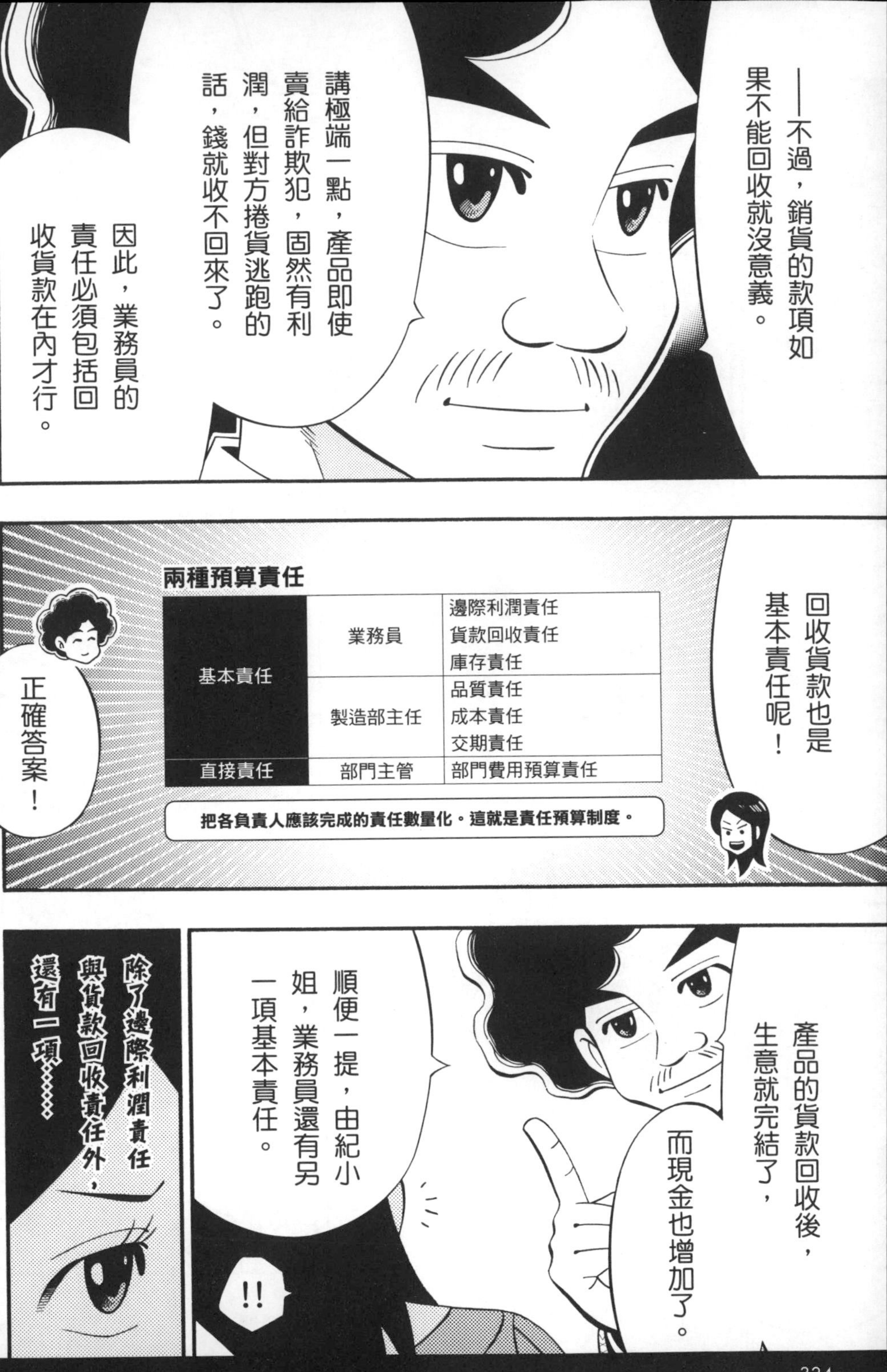
——不過，銷貨的款項如果不能回收就沒意義。
講極端一點，產品即使賣給詐欺犯，固然有利潤，但對方捲貨逃跑的話，錢就收不回來了。
因此，業務員的責任必須包括回收貨款在內才行。
回收貨款也是基本責任呢！
正確答案！
產品的貨款回收後，生意就完結了，
而現金也增加了。
順便一提，由紀小姐，業務員還有另一項基本責任。
!!
除了邊際利潤責任與貨款回收責任外，還有一項……

兩種預算責任

基本責任	業務員	邊際利潤責任
		貨款回收責任
		庫存責任
	製造部主任	品質責任
		成本責任
		交期責任
直接責任	部門主管	部門費用預算責任

把各負責人應該完成的責任數量化。這就是責任預算制度。

做生意就是要用現金來增加現金，
而庫存與應收貨款是現金的化身。
——也就是說，
與應收貨款的回收一樣，把產品庫存變成現金，也是業務員的責任。
老師！還有一項是把產品庫存賣光的責任!!
妳說對了！
再來是製造部的基本責任……
唔唔……
如果富山工廠與越南工廠之所以都沒有做出我所期待的成績，是因為基本責任不清楚的話……
沒錯，因為神經阻塞。

對了，妳期待製造部做什麼事呢？
按照交貨期盡可能生產好產品!!
是這樣沒錯！
QCD是製造部的基本責任。
QCD!!?
QCD的「Q」是quality……也就是品質。
品質好的話，就是良率高的意思。
良率一旦高，成本就能少花。
再來的「C」是cost。
C是cost……
寫寫
要以標準成本以下的成本生產產品——重點在於如何設定標準成本。
!?

所謂的標準成本……是指製造最有效率時的產品成本嗎？
……
並不是……生產再怎麼便宜，賣不掉就沒有意義吧……
以前我說過，顧客買的不是服飾這樣「東西」，而是穿上它之後得到的「滿足」。
那樣的滿足會反映在售價上……也就是售價是由市場（market）決定的。
因此，標準成本應該是以市價減掉設為目標的毛利所得到的價格。
是……
每次都麻煩您了！

安曇說，製造活動中的決策，往往會根據工廠理論來做……
並不是「只要努力用500圓生產出來，產品的標準成本就是500圓」；東西再怎麼好，如果價格太高，市場也不會接受。
因此，製造部應設為目標的成本，必須是從市價扣掉目標利潤後的金額才行。
最後的「D」指的是delivery。
delivery？
也就是給顧客的交貨期不能延遲。
！
這麼說來，富山工廠為趕上交貨期，每天都在加班……

也就是說，因為加班，產品成本會變高。
不加班就趕不上交貨期的原因是……在製品庫存卡在製造過程中，沒有順利移往下一階段……
由紀小姐……
生產到一半的庫存之所以卡住，妳覺得有哪些可能原因？
…………
可能是缺少需要的零件……
裁布機故障……
或是產生了大量的不良品……
品質檢查很花時間……等等。
這些也都是原因。
但假設零件完全齊備、沒有出現不良品、機器沒有故障，在製品還是會有卡在一半、導致交貨期延期的事發生。
那是為什麼呢？
咕嘟
咕嘟

…………
……
……
提示是曼谷的塞車。
曼谷的塞車?!!
我記得那天雨下得很大，計程車有20分鐘一動也不動……
刷刷刷
……!?
那是因為警察控制紅綠燈啦！
!!?

像東京這樣車子雖多，但電腦會因應交通量自動控制流量的話，就不會變成那樣的塞車。
然而在曼谷，位於十字路口的派出所警察會以手動方式操作紅綠燈、控制車流……
結果才會引起那麼嚴重的塞車。
目瞪口呆
富山工廠的在製品增加的最重要的原因也一樣。
在最初的縫製作業前，累積了大量的在製品庫存。
為什麼呢？
我畫個圖說明吧！

假設每小時的裁切、縫製與檢查的生產能力各為1000件、200件、500件。

在生產能力最高的裁切作業下，可以裁出1000件衣服用的布片。

但縫製作業只能縫出200件，剩下800件變成了在製品庫存。

每小時的生產能力與在製品庫存

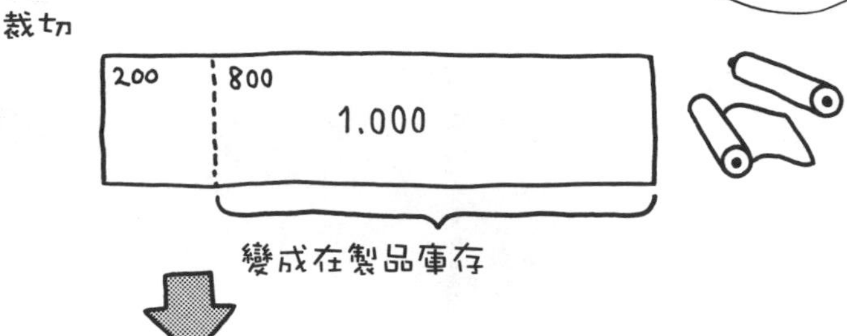
裁切
200
800
1,000
變成在製品庫存
縫製
200
檢查
200
300
有處理能力，卻無法活用

但若把裁切與縫製的產量訂為200件的話，在製品的滯留庫存會變成零。

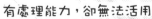

!!
我知道富山工廠的地板上堆滿布片的原因了!!
庫存須像風一樣，吹過工廠就不見了才行!!!
這樣妳懂了吧！
製造部主任的基本責任是「QCD」！
是!!

責任的界限

由紀還有另一件事不懂。
就是業務責任與製造責任該怎麼做才能畫分？
製造部所生產的產品，實際成本大幅超過標準成本時，該怎麼考量呢？
安曇老師，
假設某樣售價1000圓的產品，標準成本是600圓……
但由於製造部門出錯，每件的成本變成了1100圓。
這件產品，業務員賣愈多就虧愈多，
但公司又想多賣一點……

製造部的責任不能影響到業務部的責任！
製造部的責任在於以標準成本以下的成本製造產品。
業務部的責任在於銷售以標準成本進貨的產品、達成設為目標的邊際利潤。
為釐清這兩個部門的責任，產品從製造部到業務部時要以標準成本計算。
……
不好意思……
我不是很懂。
在同一家公司裡或許比較難想像吧！
!?

假設製造部與業務部是兩家不同的公司。
製造部
業務部
公司不同的話，賣產品的公司就不會因為製造成本超過標準成本，而把虧損轉嫁到買產品的公司去了。
這樣看來，製造與業務確實也如此。
在製造部要把標準成本與實際成本間的差距當做成本差異來處理。
——這也稱之為「製造損益」。
製造部對「製造損益」負責……
業務部也對邊際利潤負責，各有責任。
製造損益與邊際利潤……
真有趣的機制!!

製造部與業務部的責任界限

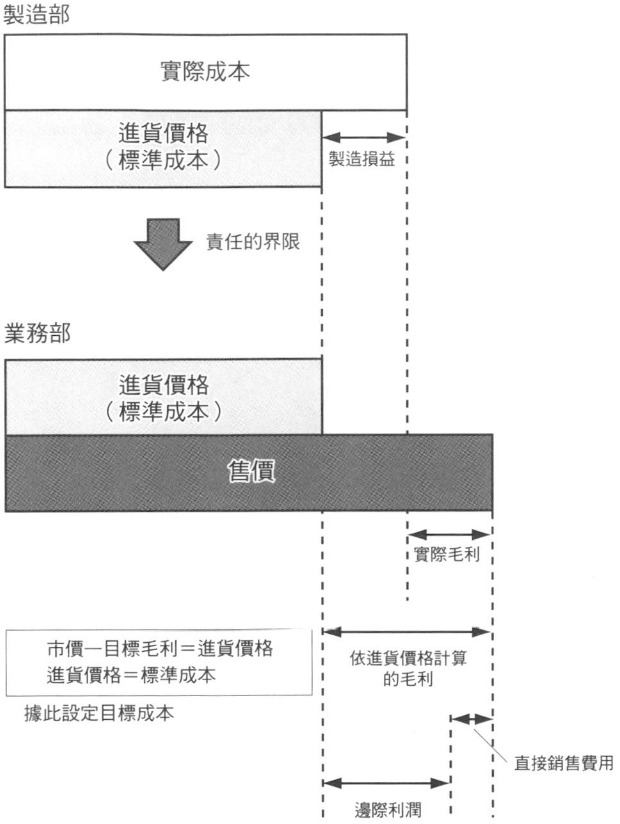
製造部
實際成本
進貨價格
（標準成本）
製造損益
責任的界限
業務部
進貨價格
（標準成本）
售價
實際毛利
市價－目標毛利＝進貨價格
進貨價格＝標準成本
據此設定目標成本
依進貨價格計算
的毛利
直接銷售費用
邊際利潤

製造部以進貨價格以下的成本生產、創造製造利潤。
業務部以該進貨價為前提，力求達成目標邊際利潤。

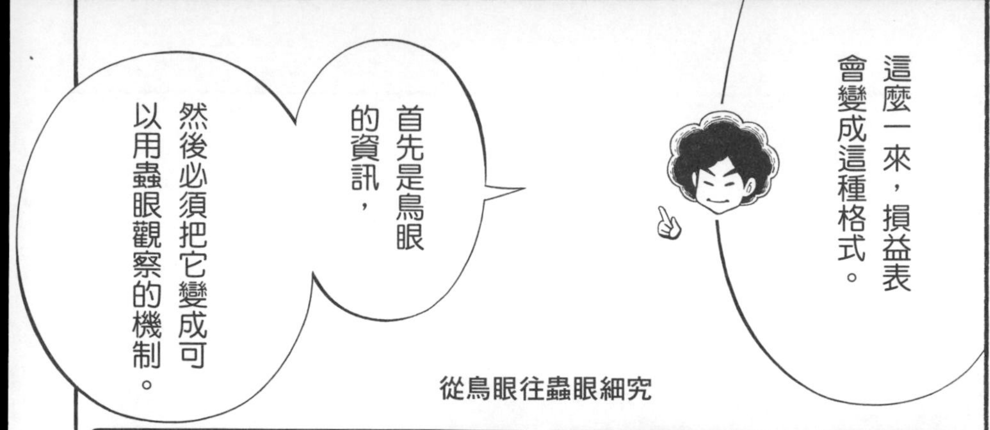

這麼一來，損益表會變成這種格式。
首先是鳥眼的資訊，
然後必須把它變成可以用蟲眼觀察的機制。

從鳥眼往蟲眼細究

鳥眼的資訊 → **蟲眼的資訊**

品牌別損益表

女裝	細目	金額
銷貨收入		
銷貨成本		
毛利		
成本差異		
實際毛利		
毛利率		
人事費		
直接銷售費用		人事費
		促銷費
		出貨運費
		差旅費
		租金
		小計
邊際利潤		
其他管銷費用		人事費
		差旅費
		產品出售費
		小計
管銷費用小計		
營業利益		
利息費用		
經常利益		
折舊費用		
庫存增加		
應收帳款增加		
應付帳款增加		
營業現金流量		

- 銷貨收入 → 顧客別銷貨收入、產品別銷貨收入
- 銷貨成本 → 產品別成本 → 產品成本計算表、產品生命週期損益
- 毛利 → 產品別毛利
- 成本差異 → 成本差異詳情
- 實際毛利 → 顧客別毛利、產品別毛利
- 人事費 → 薪資明細
- 促銷費 → 產品別促銷費、顧客別促銷費
- 出貨運費 → 產品別出貨運費、目的地別出貨運費
- 差旅費 → 業務員別差旅費
- 租金 → 直營店別租金
- 產品出售費 → 品牌別產品出售損失
- 利息費用 → 貸款對象別明細
- 庫存增加 → 產品別庫存數量／金額、倉庫別庫存數量／金額
- 應收帳款增加 → 顧客別應收帳款增加額
- 應付帳款增加 → 進貨對象別應付帳款增加額

這樣的機制，可以從鳥眼資訊品牌別損益，細究到蟲眼的詳細資訊去

銷貨收入必須細究出顧客別與產品別。
毛利必須細究出產品別。
銷貨成本必須細究出產品成本計算表。
產品庫存必須細究出倉庫別產品收付數字。
運費或促銷費等直接銷售費用必須細究出產品別與顧客別的明細。
HANNA
這麼一來，所有會計資訊的神經就都通了。
如果置換為Hanna的ERP系統來思考……有損益表、資產負債表，也有成為其來源的會計資料與業務資料。

但光是如此，
神經還是沒有通！
馬上實現老師教給我的
一切是有困難的⋯⋯
緊握拳頭
但應該發展的方向性，
我已經看得一清二楚了!!!
嚇到
睡得超熱的
點頭⋯
點頭⋯
老師，不好意思！
ZZZ⋯
我可以去打個電話給公司與NFI的戶田常務，還有銀行的分行長高田先生嗎？

緊握……
明天!!
明天就是Hanna的命運之日了!!!

安曇教授的解說園地

【責任預算與進貨價格】

1 預算管理與人的管理

預算是一個提供目標給企業工作者，使他們朝目標的達成前進的機制。預算之所以變成紙上的大餅，是因為組織工作者對於「預算是絕對必須達成不可的目標」沒有自覺，才造成的。

2 經營者的責任—現金流量

經營者的責任是現金流量責任，不是銷貨收入責任。過去一些導致企業破產的經營者，都是一些在市占率第一主義下只懂得增加銷貨收入的人。為增加銷貨收入，他們不斷借錢，結果有息負債如滾雪球般持續增加，最後進退維谷，導致營運資金短缺而破產的必然結果。要負起現金流量責任，就必須注意所有和成本、庫存、應收帳款、投資、有息負債有關的事項，而不是只看銷貨收入。

3 業務的基本責任

業務部門的基本責任是邊際利潤責任、貨款回收責任以及庫存責任。不以部或課為達成預算的責任單位，而以每個業務員為責任單位，是最合理的。邊際利潤是從產品毛利中扣除業務員薪資、旅費、促銷費、出貨運費、廣告宣傳費等與銷售直接相關的費用後的金額。邊際利潤為赤字的業務員，對公司的收益活動全無貢獻。此外，貨款回收責任與庫存責任，指的是公司生產的產品要全數賣掉，以及貨款要由賣出的人全數回收。

4 製造部的三大責任

製造部的基本責任是品質、成本、交貨期的責任。必須在顧客要求的交期（delivery）前，把成本（cost）控制在所訂目標以下，生產出品質（quality）為顧客所接受的產品。這三者彼此相關，例如品質一旦太差，就會增加檢查、修改、不良品損失的成本，而且也會導致交貨期的延遲。

只要生產產品的成本在設為目標的的標準成本以下，生產部門就等於是賺錢了。實務上有時會稱此為「製造利潤」。此外，交貨期的延遲對公司的資金周轉也有影響。因為身為現金化身的在製品一旦增加，需要的營運資金就變多了。

5 業務部與製造部的責任界限

業務部與製造部的責任範圍一旦模糊，會對業績帶來負面影響。例如，製造部因為經常出現不良品，成本變高，最後變成虧損。身為業務員，如果因為不屬自己責任的虧損而被追究邊際利潤責任，他們也無法接受。

因此，要先把產品成本置換為進貨價格，再轉到業務部去。如果把進貨價格訂為產品的標準成本，雙方的責任範圍會變得更顯著。

標準成本的設定來自於售價（市價）扣除毛利。製造部門負有在標準成本以下生產產品的成本責任，業務部則有以標準成本為前提的邊際利潤責任。之所以要從市價開始求算標準成本，是為了讓製造活動可以和顧客（市場）有直接的連繫。

第9章

簡單就是美

～去蕪存菁，只留下需要的東西～

NFI 總部
NFI常務董事
戶田修二
Hanna資訊系統部主任
唐澤惠一

這疊厚厚的文件，詳細分析了Hanna的ERP系統中發生的問題，結果發現……
大多數都是起因於NFI所開發的服飾業用外掛軟體「AP」，以及追加撰寫的程式。
貴公司的外掛軟體「AP」……
是不是滿足了使用說明書中提到的所有功能？
我不懂您這番話的意思。
例如，管理會計模組，
貴公司的使用說明書中寫著，只要輸入裁切與縫製的機器時間與人工時間，
製造流程的活動就會圖表化，也可以即時監控非附加價值活動耗費了多少成本。

我們也是覺得這樣的第一線資訊很有用，才購買貴公司的「AP」。
但把大量的時間資料輸入後，卻得花半天的時間才會跑出結果，而且到處都是錯誤的計算……
很難想像會這樣耶……
不應該會存在這麼初階的臭蟲才是。
陣……陣內先生說，由於原因來自於輸入錯誤，因此錯在Hanna，並不理會我們。
但我們花時間確認後的結果，發現輸入資料的總計與輸出資料的總計並不一致的事實。
……
……

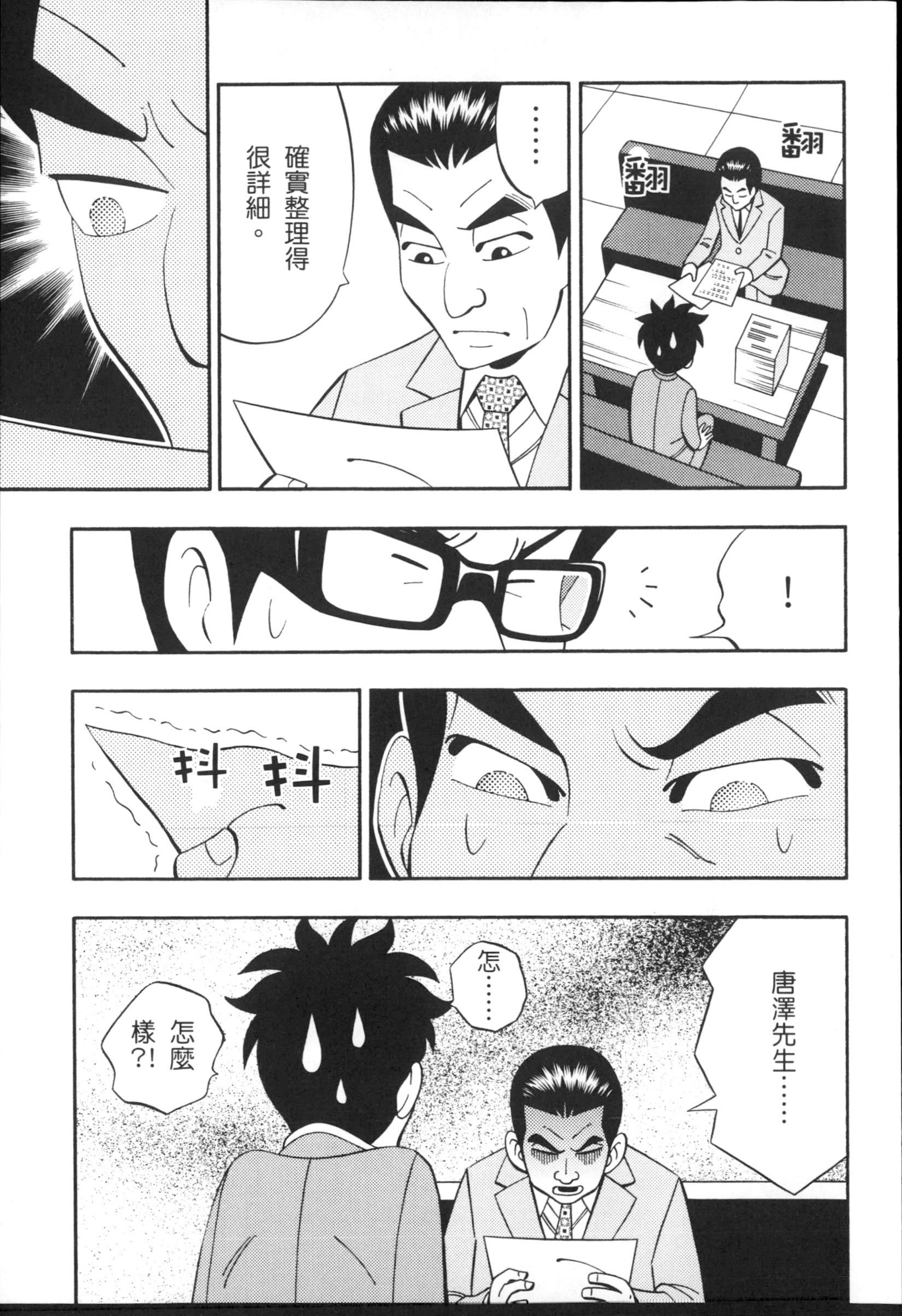
翻
翻
……
確實整理得很詳細。
!
抖 抖
唐澤先生……
怎……
怎麼樣?!

我想您應該知道……
這套加裝的服飾業用外掛軟體，是陣內所開發的。
它明明應該與ERP套裝軟體結合在一起，提供貴公司前所未有的管理資訊才對……
怎麼會……
不可能的事啊!!
抖
抖
……
戶田常務答應唐澤，會盡速徹查此事。
呼

Hanna總公司

由紀回國的前一天——
Hanna公司的幹部會議室裡，針對是否應結束零售店銷售，產生激烈的攻防。
HANNA
我唯一不希望發生的就是銷售業績減少這件事。
業務部主任真鍋主張，停止對零售店的銷售將會使Hanna的業績更加惡化。
也就是銷貨收入會確切減少一成，由於生產數量也會減少，產品成本會變高——因此應該反過來加強促銷、積極增加零售店部分的銷售狀況。

我持反對意見。
!!
製造部主任林田
我和會計部的木村小姐一起計算後發現，零售店的銷售是虧損的。
虧損?!
哪有這種蠢事！
不管你說什麼，虧損就是虧損。
哼！
業務我是最懂的，你懂什麼呀?!
你說什麼？
要打架嗎?!

文京銀行本駒込分行長室
不過，高田先生……
那個女社長實在讓我很累。
我好不容易為了Hanna導入管理會計，她卻都不用我的資料。
會計部主任田丸
不但這樣，她還挑毛病說「和我的想像不同」，無視於我。
這女孩真的很過分！
……
我們對Hanna的貸款好像已經增加了。

嗯……因為電腦投資失敗呀……草率地投入兩億圓。
還有……越南工廠的兩億圓庫存似乎也是每年增加兩億圓。
由紀小姐……是因為在這五年期間自滿起來了嗎？
就我的了解……
Hanna公司的社長是個踏實的人。
才不是！
而且她還為了和一個來路不明叫什麼「安曇」的男子，每個月到歐洲去觀光旅行呢！
！
而且還坐商務艙！

安曇先生是嗎……
再過不久應該又會找我過去吧！
啜飲…
？

向問題解決邁進

幹部會議室
製造部主任林田
業務部主任真鍋
資訊系統部主任唐澤
會計部主任田丸
NFI常務戶田
分行長高田
(文京銀行)
NFI陣內
(企劃開發)
會計部員工木村

首先，
麻煩各位報告一下現況。
業務部報告——銷售額持平，產品庫存依然沒有減少。
如您所知，零售店與量販店的退貨很多，物流中心為整理退貨甚至於要熬夜加班。
這一點必須先做處理不可！

製造部依照製造指示作業，但自導入ERP系統後，裁切完的布片變多，深感困擾。
——而縫製作業延遲經常造成交貨期延後，目前處於不斷有客訴發生的狀態。
說真的……原本期待這次的系統化可以讓品牌別損益成本計算等等變得更便利，但卻是這樣的結果。
最後連我們會計部的木村都被當成打雜的使喚，實在很困擾。
那是因為主任你靠不住吧……
……
三人都以為，只要電腦系統照著我們所想去運作，業務應該就會變得更順暢……

唐澤先生，
自那天起已經五個月過去了，有沒有ERP系統什麼時候可以上軌道的目標？
是！
是!!
我明白的說了！
我很擔心什麼時候系統又會當掉。
碰
可是，已經找到問題出在哪裡了!!
這個男的還在Hanna啊！
！

由紀的反省

!!?
社……
社長?!
這次的問題，最大的責任在我身上。
對ERP我有很大的誤解。
誤解……？
即使有責任，也應該是在唐澤君與NFI身上才是呀……

我以為ERP是個「魔法盒」，即使我什麼也不做，也能幫我實現願望，因此才買了它。
我原本也相信，只要公司有了這個「魔法盒」，業務成本就會自動減少，
它甚至可以反映出公司目前的狀態，連哪裡異常都能告訴你。
——但那樣的想法大錯特錯！
……
這世上不可能有這種東西的存在。
……
如果真的存在，公司就不需要我這個社長了。
社長…

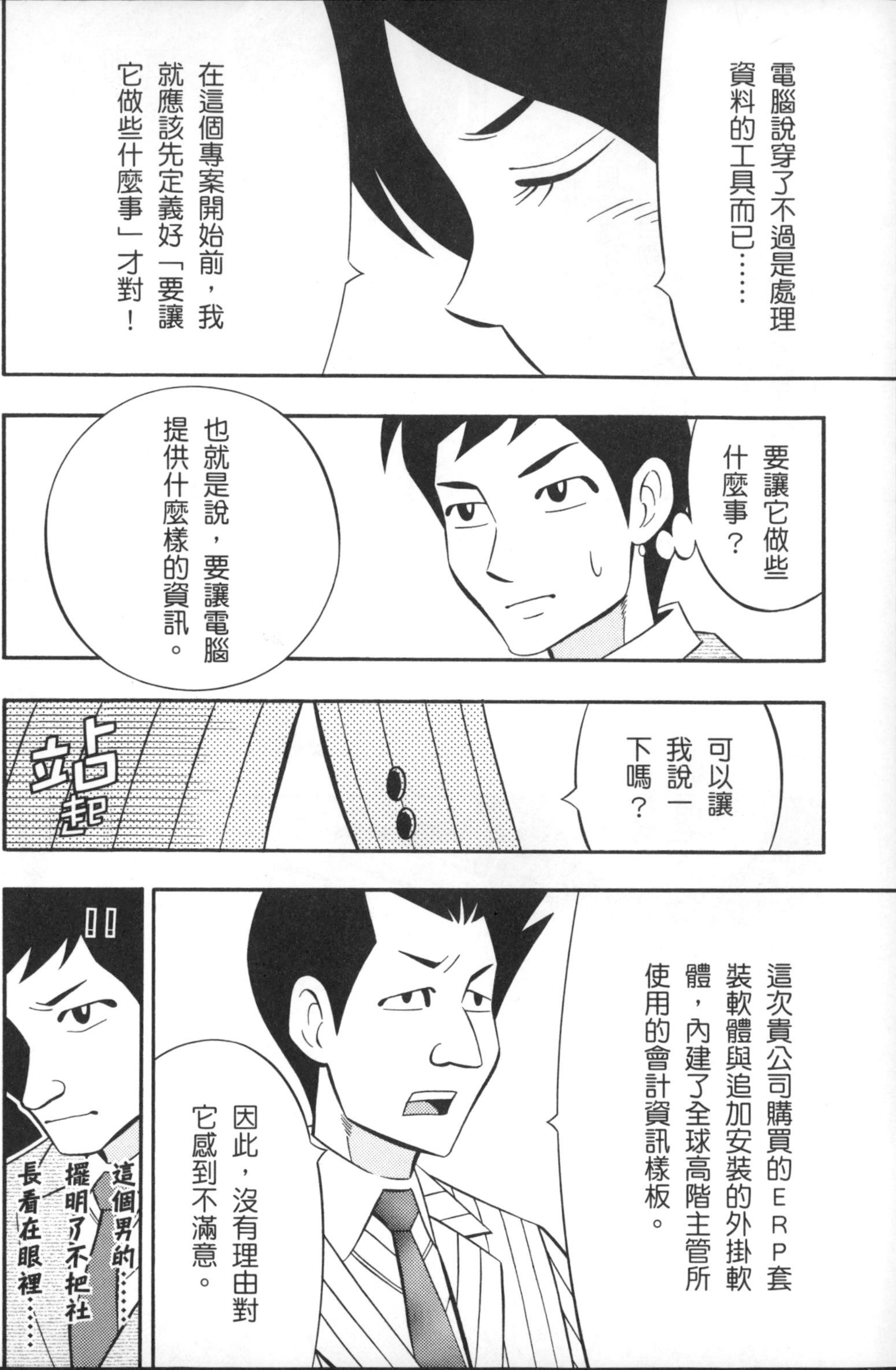
電腦說穿了不過是處理資料的工具而已……
在這個專案開始前，我就應該先定義好「要讓它做些什麼事」才對！
要讓它做些什麼事？
也就是說，要讓電腦提供什麼樣的資訊。
可以讓我說一下嗎？
站起
這次貴公司購買的ERP套裝軟體與追加安裝的外掛軟體，內建了全球高階主管所使用的會計資訊樣板。
因此，沒有理由對它感到不滿意。
!!
這個男的……擺明了不把社長看在眼裡……

你所說的「高階主管所使用的會計資訊」，對我來說就如同每道菜我都不想吃的歐式自助餐一樣。
種類再怎麼多，由於裡頭沒有想吃的東西，但因為肚子餓了就姑且下筷……
可是又實在不好吃，只好一道一道亂吃。
吃到最後，連特別菜單都點了，歐式自助餐就剩著不吃……
目前的Hanna就像是處在這種狀態下。

也就是說……
妳對我們的ERP套裝軟體與外掛軟體不滿意？
就是這樣！
哈哈哈
原來是歐式自助餐呀
真有趣的比喻呢！

諸多問題點

那麼……
社長妳想吃的是什麼呢？
品牌別的正確利潤，
以及產品別的毛利、顧客別的邊際利潤。
產品成本、產品庫存與退貨，以及出貨運費的明細，就不需要嗎？
當然需要，但在目前的時點下不需要。
？

簡單地說，不斷出問題的ERP系統，
我們只留下必要的部分，除此之外的開發就全部中止。
咚ー。
那麼多的產品庫存，不可能用人工方式來管理!!!
我們要減少產品庫存。
就是因為庫存減少不了，才要用電腦來減少它們呀!!
你錯了!
嗯?

雖然NFI公司一直強調，只要用了ERP系統，多餘的產品庫存就會消失，但現實中產品庫存卻一直增加。
其原因在於公司的機制上。
……
妳所謂的機制是？
就是因為沒有人負起銷售預測與計畫產量的責任，產品庫存才會持續增加。
——也就是說，業務員因為不想錯失銷售機會，才想要多保留一點產品庫存。
然而，卻沒有任何人來負產品賣剩的庫存責任。
庫存責任應該由業務員來負。
社長

不想錯失銷售機會又怎樣？
是指應該無視於或多或少的機會損失嗎？
不，就算錯失銷售機會，也沒有誰有損失。
身為社長，竟然不懂會計，實在是……
唉……
機會損失可是管理會計的常識呀！
確實如社長講的啊！
!!
田丸先生……我也認為你的想法是錯的。
「即使錯失銷售機會，也沒有誰有損失」；反倒是追加生產的量沒賣掉的問題更嚴重！

什麼？
不好意思！
各位手中所拿的表，是在製造部的林田主任指示下製作的。
如表中所示，在滯銷品當中，庫存的大量產品都是追加生產的部分。
也就是說，原本暢銷的產品，由於主其事者的判斷錯誤，變成了滯銷產品。
我的報告就到這裡為止！
退貨之所以多，根本的原因也是相同……
要為所有的產品庫存建立一個有人負責賣光的機制。
買賣交易要依照已確立的訂單進行，不再從事委託銷售。
不這麼做的話，Hanna沒有將來！

再這麼被不好的商業習慣絆住的話，Hanna早晚會無法生存!!
吞口水
社長!!
如果能做到那樣的話!!
我就能把ERP系統的結構做得更單純、簡單給妳看!!!
瞪
瞪
驚

退貨的真正原因

社長似乎有意重新檢討零售店的銷售，但我絕對反對。
這麼做的話，銷售額會減少的。

真鍋先生，
你自己知道供應商品給零售店，花費了多少的成本嗎？
我哪知……完全沒概念。
竟然說「我哪知」……

身為業務部主任，請你好好弄清楚！
──首先，會有來自物流中心的出貨運費與退貨運費，
接著還有在物流中心進行的揀貨、退貨的分類作業與資料輸入。

請你想想換季的時候，送回來的堆積如山的退貨。
這些都只能拿去打折特賣而已！
……
……
──接著，
請各位看看木村小姐幫我試算的數字。
首先，我們在零售店的銷貨收入每年是10億圓──其產品成本是8億圓。
此外還有與零售店交易時必要的員工薪資與出貨運費共2億圓。
每年在特賣會中處分掉的產品庫存，會有2億圓的銷貨損失。
也就是說我們有近2億圓的赤字！
各位可以了解，只要停止無謂的交易，業績確實可以好轉！

即便如此我還是反對！
還真頑固啊！
那是因為你的銷售業績會減少吧！
沒錯啊！
零售店就像是從我進 Hanna 之後才開拓的東西一樣。
我記得你今年在零售店的銷售業績是5億圓嘛！
……
……
沒錯！
零售店的業績有一半是我的業績!!
詳細調查過促銷費後發現，其中有2億圓是你用掉的，
而且其中一半是付給零售店的。
那有什麼問題嗎？

Hanna的獎酬與銷售業績連動……
你就是抓住了該機制的這個盲點吧！
也就是你答應零售店打折及支付促銷費以提高銷售業績。
結果，由你負責的零售店交易全是虧損。
虧不虧損與我無關，我只負責達成業績目標的約定而已。
現在才說什麼抓住機制的盲點之類的，我很不高興！
真鍋先生，你對社長太沒禮貌了！
你閉嘴!!
咚

!?
嚇
哇
嚇到我了——
幹部會議室
幹部會議室
爭吵……
……你說得對，真鍋先生，
關於獎酬一事，我無法批判你……
我認為應該解決的是別的問題。
?
自你進公司以來，零售店銷售就急速增加。
——那是因為你開拓了零售店客戶。
然而，事實上你卻付了他們龐大的促銷費。
而且還不只是付現金而已，你還把大量產品交給他們當成促銷費。
?
……

……
林田先生與木村小姐直接到零售店去調查，發現在直營店遺失的產品陳列在那裡。
零售店的回答是「從真鍋主任那裡買來的」。
——零售店據說是付現作為進貨費用。
不容你迴避……請把真相說出來！
乖乖承認不就好了嗎……
真是的！講這種蠢話怎麼行呢？
就算社長講的是事實，也不能對一直以來照顧我們的零售店造成困擾!!

……
根據我的試算，
減少的銷貨收入，幾乎可以靠直營店補足。
——這樣子，我們的產品就不會在零售店廉價銷售，品牌力也會增加。
我會直接告訴零售店客戶理由。
今後，我打算摸索與他們之間的新合作方式。

社長!!
這樣的話，出貨運費系統也會變得單純!!
不是單純，
而是根本不需要了。
然後是田丸先生……
你希望加進去的管理會計系統，也會中止開發。
!!

那很讓人困擾呢！
銀行是依照我所製作的會計資料作為判斷是否提供融資的素材呀！
對吧……
高田先生
……
我希望知道公司正確的實際狀況。
因此，我需要能夠實現此事的會計資訊。
那種事我當然知道啊!!
所以我不是在製作每個月的決算報告了嗎!!
社長之所以會否定我們的工作，是因為妳沒有弄懂管理會計這門學問!!!

不要再說了！
!!
不懂管理會計的是你吧！
銀行不是為了銀行自己才存在的！
你根本沒有身為銀行家的驕傲!!
正中要害

唐澤先生，
請照著我的要求
重新設計系統。
!!
只剩下一個月
的時間了！
請你務必
幫忙了！
是、
正經!!
是!!!

電腦動不了的原因

最後的問題是……
電腦系統。
關於此事，
唐澤對大家說明，這次系統導入之所以大幅延遲，原因在於外掛軟體與追加程式的不完備……
其結果是Hanna被迫支付無謂的支出。
你太過份了，陣內先生!!
竟然兜售未完成的軟體！
我……我饒不了你!!

呼——
終於對他講出來了!!
當然，如果觸怒NFI，最後會無法在這個業界裡生存！
但我所研究出來的答案絕對沒有錯!!
拜託不要講這種沒禮貌的藉口……
是因為你這個專案經理能力不足，結果才會變成這樣。
況且，你應該知道自己現在在對誰說什麼話吧！
我……我當然知道!!
……
讀了唐澤先生的報告書，很明顯錯在陣內……
我帶著相信陣內的一絲期望參加這場會議，但看到陣內那副狼狽的樣子……
唐澤先生向我陳述的事，似乎果然是真的……

陣內……
你有沒有向我隱瞞什麼？
!!
我被炒了嗎？
你被炒了!!

我贏了——!!
這樣子就能毫無顧忌、
重新挑戰了——!!!

RRRRRR
翌日
社長！NFI的戶田先生來電給妳。
好～
我是NFI的戶田！
——我們會免費全力提供協助！
鞠躬
鞠躬
鞠躬
我們會賭上敝公司的自尊，在兩個月內實現社長您的要求!!
不！戶田先生，
麻煩你一個月弄好。
一!!
一個月!!!
是！
我知道了!!!

——社長，
文京銀行的高田分行長來拜訪您。
微笑
微笑
!!
昨天田丸主任的無禮之處，我真不知該如何道歉才好！
不不不！
文京銀行這邊支援貴公司的做法，不會有任何改變。
？
那個盒子，該不會是……
是蛋糕。

自那天起，就由我代理會計部主任田丸的工作，實務作業就由真奈美小姐負責，我們一氣呵成展開了為Hanna打造系統的作業……
首先，仔細調查Hanna的所有產品，銷售己停滯的產品盡早帶到暢貨中心去（或是提供給特賣會），追加生產僅限於銷售額前20%的產品，而且毛利率要在40%以上才行。
HANNA
同時，也準備好不斷投入新產品的體制，並通知零售店今後停止委託銷售，也不小額出貨了。
這樣的話，出貨與退貨運費都毫無疑問會減為一半!!

在那之後一個月，如同與戶田常務的約定，ERP系統終於運轉了!!
外掛軟體與追加程式全都移除，結果電腦的處理速度大幅提升！
接下來要努力的是管理儀表板!!
這一點我一定也要實現給大家看!!!

—終幕—
舉杯慶祝
啊！我遲到了，不好意思！
抓～抓～
鞠躬

似乎進行得很順利呢！
是的！
這次也是託老師的福！
我什麼都沒做呀！
我只是一面喝著好喝的紅酒、吃著好吃的料理，一面回答妳的問題而已呀！
老師……你戴老花眼鏡呀？
不……我從小時候就是遠視。
有時候隱形眼睛戴起來很累。
○☆△□
不過，在歐洲幫妳上課很開心！

尤其是勃艮地呀！
而且，最重要的是，妳又成長了，妳自己也應該實際感受到了吧！
是!!
人生很有趣！

但我覺得，那種
有趣之處是唯有
不失去希望、
會煩惱、
會思考、
會努力的人，才能
體嘗得到的獎賞。
濕潤…

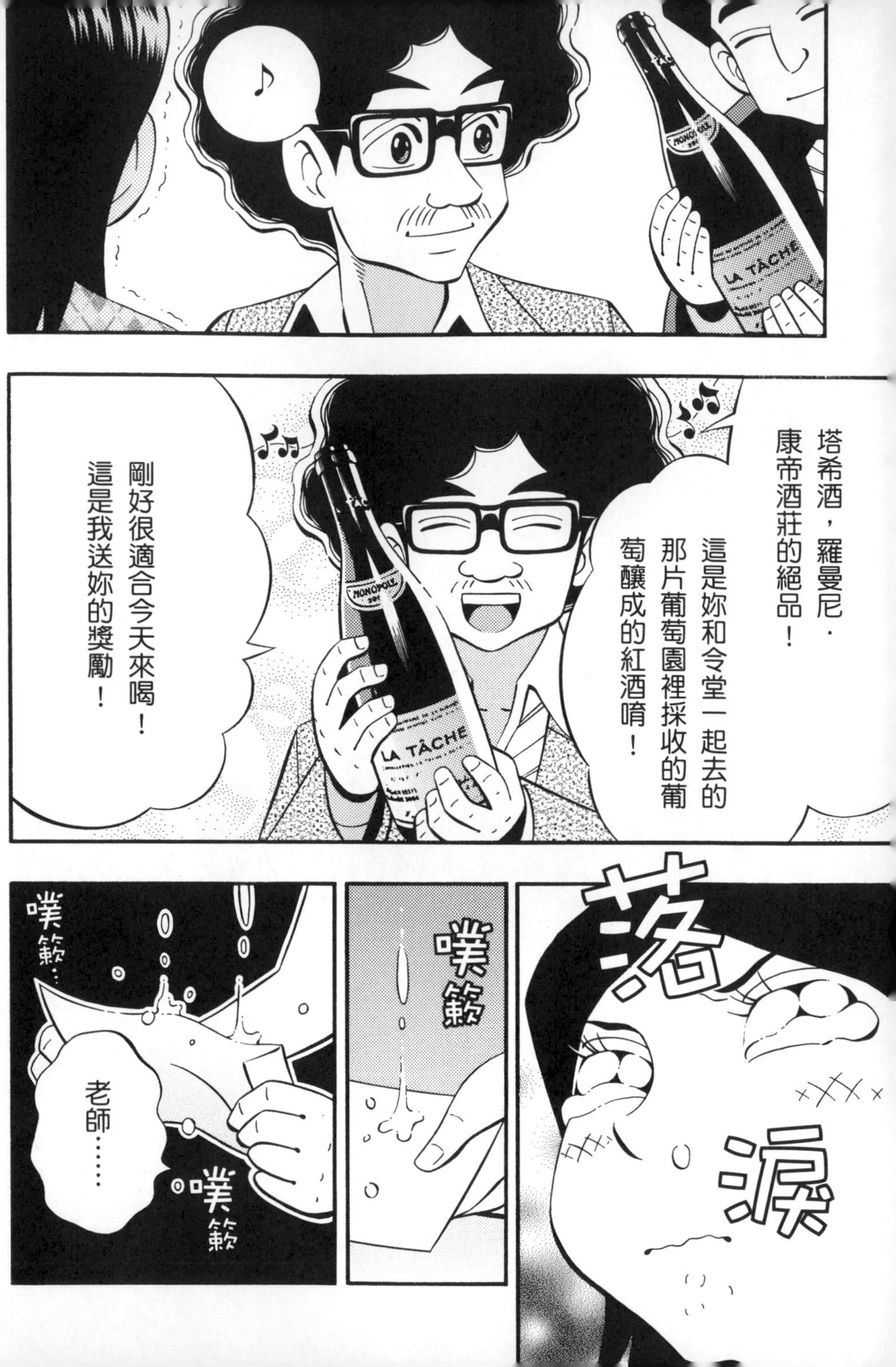
♪
♪♪
♪♪
塔希酒，羅曼尼．康帝酒莊的絕品！
這是妳和令堂一起去的那片葡萄園裡採收的葡萄釀成的紅酒唷！
剛好很適合今天來喝！這是我送妳的獎勵！
LA TÂCHE
MONOPOLE
落
淚
噗簌
噗簌⋯⋯
老師⋯⋯
噗簌

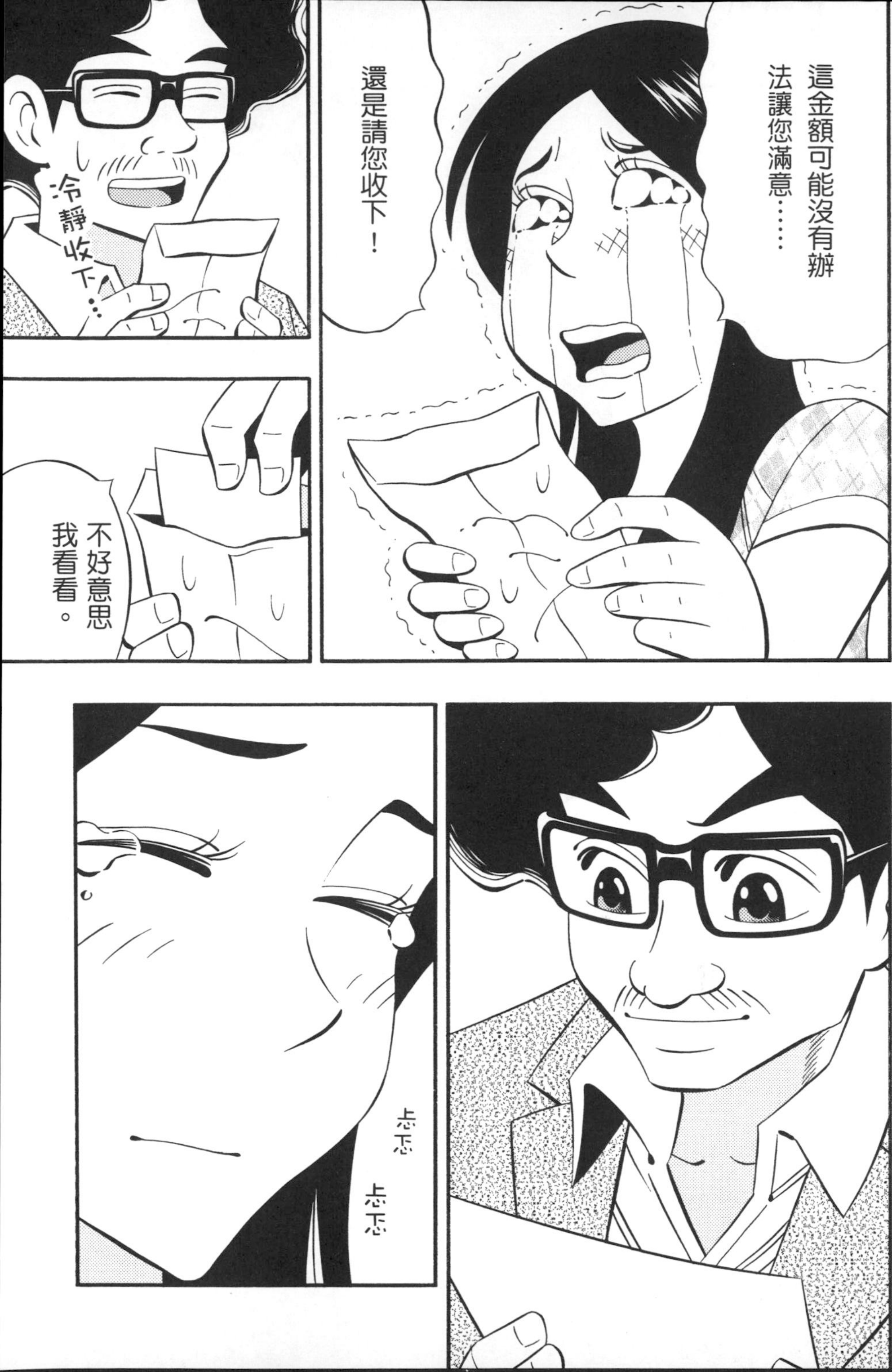
這金額可能沒有辦法讓您滿意……
還是請您收下！
冷靜收下…
不好意思我看看。
忐忑
忐忑

還好！我沒有在曼谷
先講金額！

完